普通高等教育机电类系列教材

控制工程基础创新实验案例教程（英汉双语）

主　编　孙　晶　韦　磊
副主编　张　宏　王林涛　王　薇　张惠平
参　编　王　宇　关乃侨　尉国滨　刘建伟　孙铁兵

机械工业出版社

本书主要作为本科院校和高职高专院校的机械类及近机械类专业的控制工程基础课程实验教材，也可供相关领域的工程技术人员参考。本书中、英部分均分为Ⅰ、Ⅱ两篇。第Ⅰ篇基于质量-弹簧-阻尼机械振动实验系统，共包含4个实验，分别为实验系统参数辨识、实验系统数学建模与仿真、PID控制及开放实验——双自由度系统自由振动模态分析。第Ⅱ篇基于Quanser QUBE Servo 2实验系统，共包含9个实验，分别为系统集成实验、滤波实验、伺服电动机系统建模与验证、一阶系统参数辨识、二阶系统的阶跃响应、PD控制、速度控制系统的超前校正、频率响应建模及开放实验——状态空间建模与验证。本书涵盖了经典控制理论的全部内容，与我国高等院校关于此类课程的教学大纲相吻合，为促进控制类实验课与理论课紧密耦合提供了有效支撑。

为配合该实验案例教程的使用，本书作者为任课老师提供每个实验的参考数据、结果图表、实验报告模板答案和两个实验系统的软、硬件安装使用指南，并附有MATLAB/Simulink软件在控制工程中的应用实例。本书可与理论教材《控制工程基础》中文版和英文版配套使用。

图书在版编目（CIP）数据

控制工程基础创新实验案例教程：汉、英/孙晶，韦磊主编. —北京：机械工业出版社，2021.9（2024.1重印）
普通高等教育机电类系列教材
ISBN 978-7-111-69525-7

Ⅰ.①控… Ⅱ.①孙… ②韦… Ⅲ.①自动控制理论-高等学校-教材-汉、英 Ⅳ.①TP13

中国版本图书馆CIP数据核字（2021）第221410号

机械工业出版社（北京市百万庄大街22号 邮政编码100037）
策划编辑：舒 恬 责任编辑：舒 恬
责任校对：陈 越 张 薇 封面设计：陈 沛
责任印制：单爱军
北京虎彩文化传播有限公司印刷
2024年1月第1版第2次印刷
184mm×260mm · 13.25印张 · 314千字
标准书号：ISBN 978-7-111-69525-7
定价：39.80元

电话服务 网络服务
客服电话：010-88361066 机 工 官 网：www.cmpbook.com
010-88379833 机 工 官 博：weibo.com/cmp1952
010-68326294 金 书 网：www.golden-book.com
 机工教育服务网：www.cmpedu.com

前 言

经典控制理论被广泛应用于信息、机械、电气等相关领域，以经典控制理论作为主要内容的控制工程基础是高校里大部分工科专业的必修基础课。如何通过实验环节促进学生对经典控制理论的理解以及提升学生解决复杂控制工程问题的实践能力，成为本书编写的根本出发点。

本书的中、英文部分的第Ⅰ篇，基于质量-弹簧-阻尼机械振动实验系统，共包含 4 个实验，分别为实验系统参数辨识、实验系统数学建模与仿真、PID 控制及开放实验——双自由度系统自由振动模态分析。本书中、英文部分的第Ⅱ篇，基于 Quanser QUBE Servo 2 实验系统，共包含 9 个实验，分别为系统集成实验、滤波实验、伺服电动机系统建模与验证、一阶系统参数辨识、二阶系统的阶跃响应、PD 控制、速度控制系统的超前校正、频率响应建模及开放实验——状态空间建模与验证。

本书具有以下特色：

1）以机械系统为研究对象，更适合机械类与近机械类学生通过实验的方式巩固和加强对经典控制理论的学习。

本书第Ⅰ篇的实验项目创造性地引入二阶机械振动系统替代电气系统，并将其作为研究和被控对象，控制效果可直观并准确地体现在机械实物及响应信号上，促进了机、电、控专业课程交叉融合。

2）以开放实验项目为延伸，面向新工科建设，培育未来科技创新人才。

本书针对 2 个实验系统分别设置了开放实验，实验内容在介绍控制工程基础理论课知识的基础上给予学生自主设计的空间，能够更好地发挥实验教学对人才创新能力培养的作用，推动验证型实验向综合型实验转变。

3）以新形态教材为载体，促进实验教学的信息化变革。

为了满足学生移动性、交互性、个性化的开放学习要求，该教程以二维码的方式嵌入实验介绍、操作演示、课后习题、拓展资料等视频资源，将纸质教材与实验课堂交互融合，实现了对书本知识的扩容和实验教学效率的提高，为实验教学信息化提供了有效的解决方案。

4）以中英双语为出发点，构建双语实验教学模式。

全英文控制工程基础理论教材不乏一二，但尚未有与之配套的全英文实验教材。本书参考了大量国外同类英文教材，并充分结合了国内经典控制理论实验教学项目，采用了中英双语的形式，满足了国内高校英语强化班、国际班对英文实验教材的迫切需求。

本书由孙晶、韦磊担任主编，张宏、王林涛、王薇、张惠平担任副主编，王宇、关乃侨、尉国滨、刘建伟和孙铁兵参与编写。本书的编写参考了许多同类教材和著作，在此对相关作者表示深深的谢意。同时，要特别感谢武汉德普施科技有限公司和加拿大 Quanser 公司的帮助，他们提供的大量实验设备资料和实验相关案例为本书增色不少。

限于编者的水平，书中错误及疏漏之处在所难免，恳请广大读者批评指正。

编 者

目　录

前言

中 文 部 分

英文部分

中\文\部\分

第Ⅰ篇　质量-弹簧-阻尼机械振动实验系统

由弹簧、阻尼器和质量块组成的机械振动系统随处可见，例如汽车上的减振装置和缓冲系统，其减振与缓冲性能直接影响到汽车的舒适性与安全性。此部分重点介绍由武汉德普施科技有限公司推出的质量-弹簧-阻尼机械振动实验系统的软硬件构成，为随后各实验的系统性能分析提供支持。

Ⅰ.1　实验硬件系统

该实验硬件系统由交流伺服电动机、齿轮-齿条驱动机构、直线滑轨导向机构、连杆机构、弹簧、质量块、数字式光栅尺、空气阻尼器、底座等16个部分组成，如图Ⅰ.1所示。

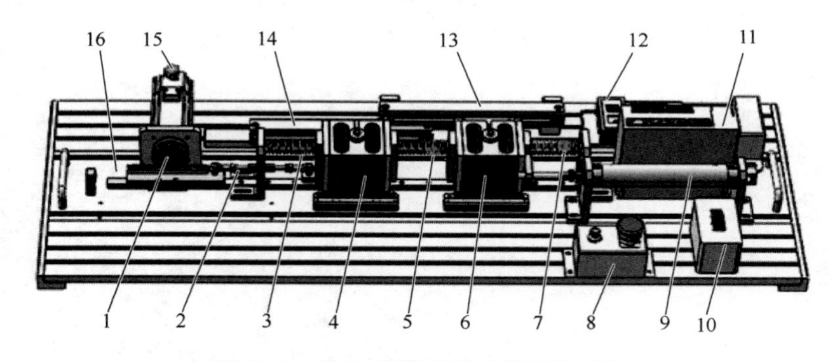

图Ⅰ.1　质量-弹簧-阻尼实验硬件系统

1—齿轮-齿条驱动机构　2—连杆机构　3—弹簧1　4—质量块1　5—弹簧2　6—质量块2　7—弹簧3　8—急停开关　9—空气阻尼器　10—总电源开关　11—伺服驱动器　12—编码器模块　13—光栅尺2　14—光栅尺1　15—伺服电动机　16—直线滑轨

Ⅰ.2　实验软件系统

软件开发平台选用了基于PC的TwinCAT3（德国倍福）自动化控制软件，在高效的工程领域中，TwinCAT3 将模块化思想以及软件架构融入整个平台。本节针对质量-弹簧-阻尼实验系统，介绍基于 TwinCAT3 开发的软件系统如何操作。

质量-弹簧-阻尼机械振动实验系统软件介绍视频

Ⅰ.2.1　界面介绍

该实验软件系统的操作界面包括两部分，分别为 HMI 和 Scope。打开资源管理器即可看到上述两个界面的入口，如图Ⅰ.2 所示。

（1）Scope 界面　Scope 是 TwinCAT3 自带的数据示波器组件，可很方便地观察、分析、处理以及导出光栅尺、力矩等数据。在 HMI 中操作的同时，需要在 Scope 界面中观察并处理获取的波形数据。打开后的 Scope 界面如图Ⅰ.3 所示，其中，横坐标是时间，纵坐标是光栅尺数据。需要注意的是，Scope 的数据采样率和坐标范围已设置好，不要轻易修改。时间轴可通过鼠标滚轮实现缩放。

（2）HMI 界面　双击图Ⅰ.2 中的 Desktop. view 后，打开如图Ⅰ.4 所示的 HMI 界面。不要做任何修改，直接单击界面右侧标有“L”的按钮。随后，独立的 HMI 操作界面主页弹出，如图Ⅰ.5 所示，本篇后续实验所有的操作均基于此窗口。打开后可关闭 Desktop. view 以防止文件被误更改。

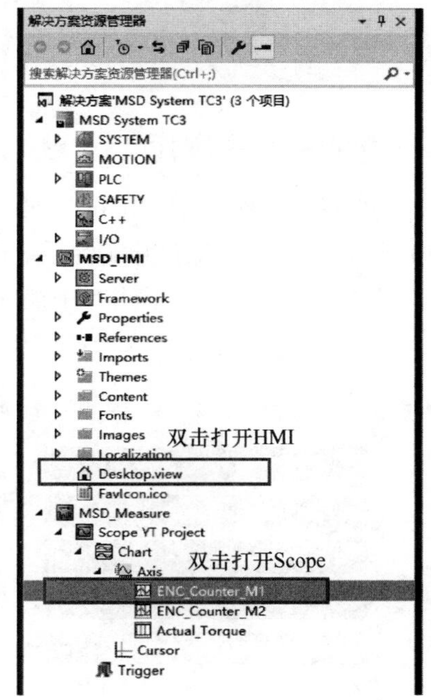

图Ⅰ.2　HMI 和 Scope 界面入口

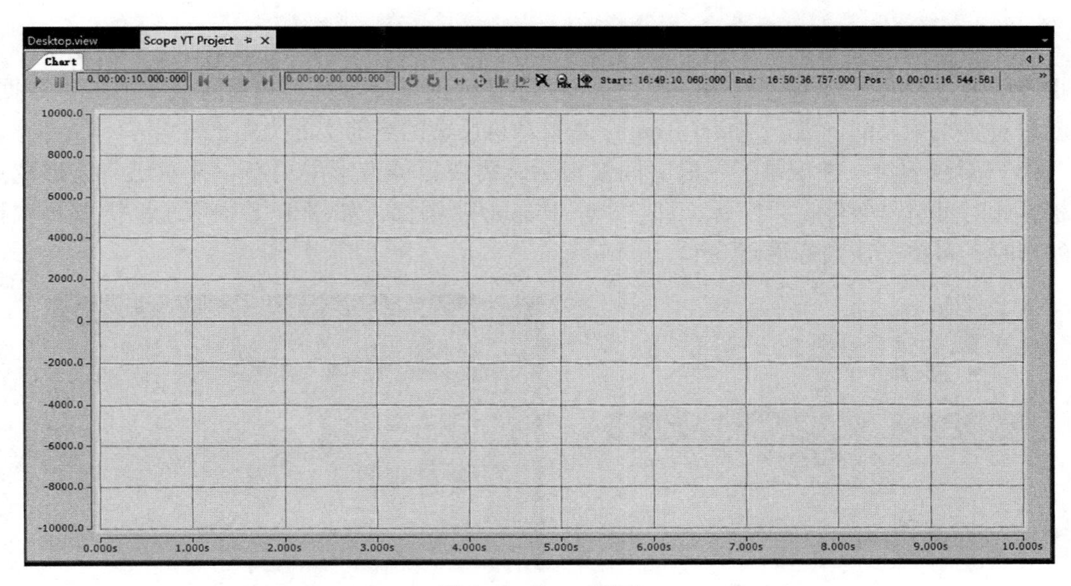

图Ⅰ.3　Scope 界面

图Ⅰ.4 HMI界面

Ⅰ.2.2 Scope基本操作

Scope的基本操作包括波形的记录、暂停与停止、数据分析处理、数据导出等。

（1）记录波形 首先打开实验系统电源，进入Scope界面，并单击工具栏中的记录波形图标，即“Record”图标，如图Ⅰ.6中所示。此时，移动两个质量块，观察Scope是否有波形输出。

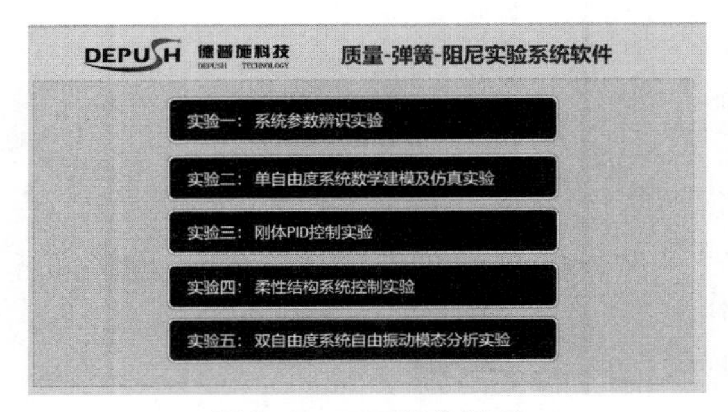

图Ⅰ.5 HMI操作界面

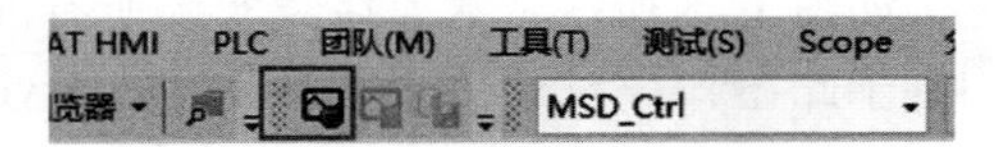

图Ⅰ.6 记录波形图标

（2）波形选择 当前在Scope中定义了三种波形，即有三条不同颜色的波形显示，如图Ⅰ.7所示。ENC_Counter_M1和ENC_Counter_M2分别是质量块1和质量块2的位置数据，也就是对应光栅尺的读数，Actual_Torque是电动机反馈的当前实际力矩值。

（3）暂停记录 在记录了一段时间波形后，需要暂停波形的更新，并对已有波形取点分析，此时可单击暂停记录图标，即“Stop Display”图标，如图Ⅰ.8中所示。需要再次记录波形时，可单击该图标更新波形。

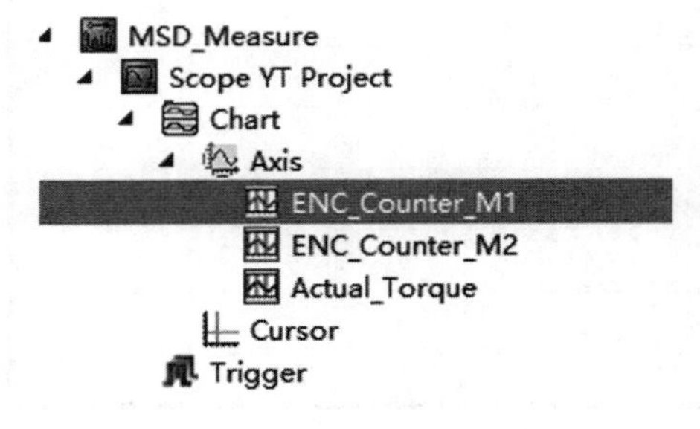

图Ⅰ.7 波形选择

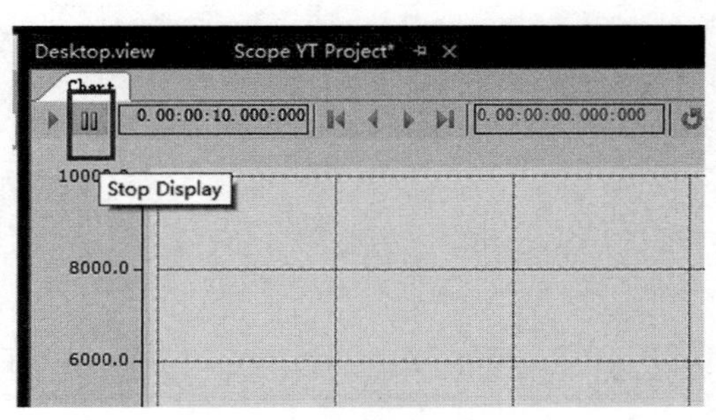

图Ⅰ.8 暂停记录图标

（4）数据导出　将一段时间内的输出波形，导出为 CSV 格式的文件，并导入到 MATLAB 进行高级分析，因此数据导出是非常关键的功能，其详细步骤如下：

1）按（1）记录波形中的说明，记录一段时间的有效波形，并暂停波形的记录刷新。

2）单击工具栏中的“Stop Record”按钮，尽管这时界面中的波形消失，但数据已被保存。

3）在菜单栏的 Scope 下拉菜单中单击“Export”，在随后弹出的数据导出界面中选择 CSV 格式并单击“Next”按钮进入下一步，选中需要导出的数据并在下一页面中通过拖动鼠标选中需要导出的波形区间范围，随后按照图 I.9 设置导出数据选项，最后，选择数据保存路径并单击“Creat”按钮创建 CSV 文件。可使用 Excel 打开创建的 CSV 文件，方便直接处理或修改数据。打开后的数据如图 I.10 所示，其中第一、三列是时间，单位为 ms，第二、四列分别是光栅尺 1 和 2 的原始数据。除使用 Excel 打开 CSV 文件外，也可将 CSV 文件直接导入 MATLAB 进行其他处理。

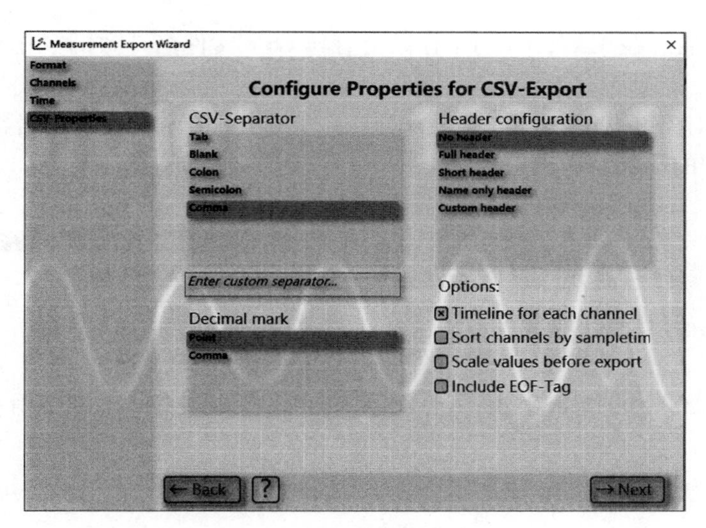

图 I.9　数据导出设置

	A	B	C	D
1	0	-5690	0	-5880
2	1	-5695	1	-5880
3	2	-5699	2	-5880
4	3	-5704	3	-5880
5	4	-5708	4	-5880
6	5	-5712	5	-5880
7	6	-5717	6	-5880
8	7	-5721	7	-5880

图 I.10　CSV 文件原始数据

（5）数据导入 MATLAB　本书使用的 MATLAB 版本为 R2017a（64 位），操作系统为 Windows10。

1）打开 MATLAB，单击主页中的“导入数据”，如图 I.11 中方框所示。

2）选择需要导入的 CSV 文件路径，检查数据无误后，单击“导入所选内容”。

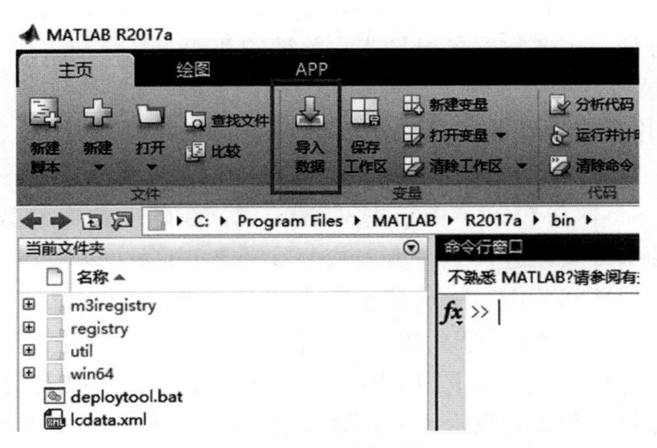

图Ⅰ.11　导入数据图标

3）导入成功后，在 MATLAB 的工作区会有与 CSV 文件名一致的数据对象，如图Ⅰ.12所示。

4）双击数据对象可查看数据，时间数据名为“VarName1”，光栅尺数据名为“VarName2”，可通过图Ⅰ.13 中的语句绘制出时域图。

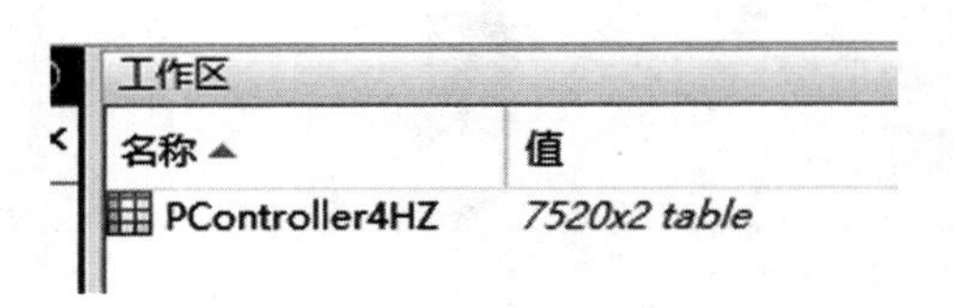

图Ⅰ.12　工作区中的数据对象

图Ⅰ.13　绘图命令

实验 1　实验系统参数辨识

1.1　实验目的

1）通过本实验掌握质量-弹簧-阻尼机械振动系统参数 m、B、k 的测定方法。

2）通过本实验掌握由二阶系统瞬态响应性能指标计算阻尼比和无阻尼自然频率的方法。

3）通过本实验掌握在 TwinCAT Scope 下进行数据采集和处理的方法。

1.2　实验原理

质量-弹簧-阻尼系统的独立储能元件数目为 2，即该系统为二阶系统。我们熟悉的一些现象，如扭转弹簧、车辆悬架系统，以及电路受到冲击后的短暂振动，都是二阶系统时间响应常见的外在表现。

1.2.1　二阶系统阶跃响应

二阶系统的通式为

$$\frac{C}{R}=\frac{\omega_n^2}{s^2+2\zeta\omega_n s+\omega_n^2} \tag{1.1}$$

式中，ω_n 为无阻尼自然频率，ζ 为阻尼比。

二阶系统的特征方程，即式（1.1）的分母方程为

$$s^2+2\zeta\omega_n s+\omega_n^2=0 \tag{1.2}$$

该特征方程的两个根为

$$s_1,s_2=-\zeta\omega_n\pm\omega_n\sqrt{\zeta^2-1} \tag{1.3}$$

根据 ζ 的取值情况，对二阶系统的阶跃响应进行如下分析。

1. 零阻尼（$\zeta=0$）

此时特征方程的根为

$$s_1,s_2=-\zeta\omega_n\pm j\omega_n\sqrt{1-\zeta^2}=\pm j\omega_n \tag{1.4}$$

将单位阶跃输入 $R(s)=1/s$ 代入式（1.1），得到输出为

$$C(s)=\frac{\omega_n^2}{s(s+\zeta\omega_n-\omega_n\sqrt{\zeta^2-1})(s+\zeta\omega_n+\omega_n\sqrt{\zeta^2-1})}=\frac{1}{s}+\frac{-s}{s^2+\omega_n^2}$$

对其进行拉普拉斯反变换可得

$$c(t)=1-\cos\omega_n t \tag{1.5}$$

由式（1.5）可知，单位阶跃输入信号下的二阶系统无阻尼响应为如图 1.1 所示的等幅振荡。在经典控制理论中，等幅振荡是临界情况也是不稳定情况。

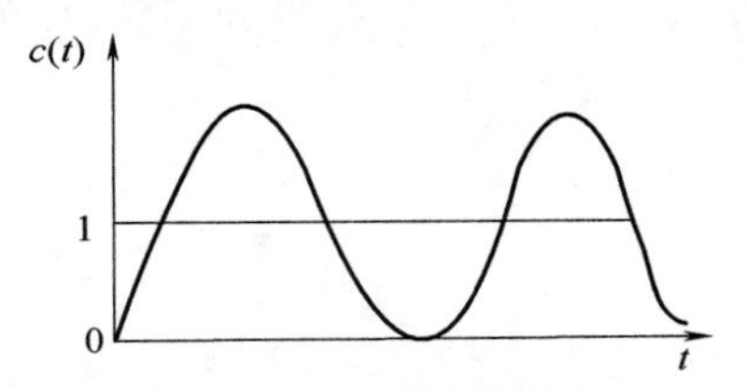

图 1.1　无阻尼二阶系统单位阶跃响应曲线

2. 欠阻尼（$0<\zeta<1$）

此时特征方程的根为

$$s_1, s_2 = -\zeta\omega_n \pm \omega_n\sqrt{1-\zeta^2}\cdot \mathrm{j} = -\zeta\omega_n \pm \omega_d \cdot \mathrm{j}$$

式中，ω_d 称为阻尼自然频率

$$\omega_d = \omega_n\sqrt{1-\zeta^2} \tag{1.6}$$

将单位阶跃输入 $R(s)=1/s$ 代入式（1.1），得到输出为

$$C(s) = \frac{1}{s} - \frac{s+2\zeta\omega_n}{(s+\zeta\omega_n)^2+\omega_n^2(1-\zeta^2)}$$

对上述方程进行因式分解，并将 ω_d 代入其中

$$C(s) = \frac{1}{s} - \frac{s+\zeta\omega_n}{(s+\zeta\omega_n)^2+\omega_d^2} - \frac{\zeta\omega_n}{(s+\zeta\omega_n)^2+\omega_d^2}$$

对其进行拉普拉斯反变换可得

$$\begin{aligned} c(t) &= 1-\mathrm{e}^{-\zeta\omega_n t}\left(\cos\omega_d t+\frac{\zeta}{\sqrt{1-\zeta^2}}\sin\omega_d t\right) \\ &= 1-\frac{\mathrm{e}^{-\zeta\omega_n t}}{\sqrt{1-\zeta^2}}\sin\left(\omega_d t+\arctan\frac{\sqrt{1-\zeta^2}}{\zeta}\right) \end{aligned} \tag{1.7}$$

令

$$\beta = \arctan\left(\frac{\sqrt{1-\zeta^2}}{\zeta}\right) \tag{1.8}$$

将式（1.8）代入式（1.7）可得

$$c(t) = 1-\frac{\mathrm{e}^{-\zeta\omega_n t}}{\sqrt{1-\zeta^2}}\sin(\omega_d t+\beta) \tag{1.9}$$

由上述分析可知，当阻尼比为 $0<\zeta<1$ 时，系统的输出响应曲线是收敛的（如图 1.2 所示）。一般情况下，我们会选择阻尼比的值在（0.1，0.8）的区间内，因为当 ζ 位于此区间时，系统将工作在一个兼顾稳定性和快速性的适当环境下。

3. 临界阻尼（$\zeta=1$）

此时特征方程的根为

$$s_1, s_2 = -\zeta\omega_n \pm \mathrm{j}\omega_n\sqrt{\zeta^2-1} = -\omega_n \tag{1.10}$$

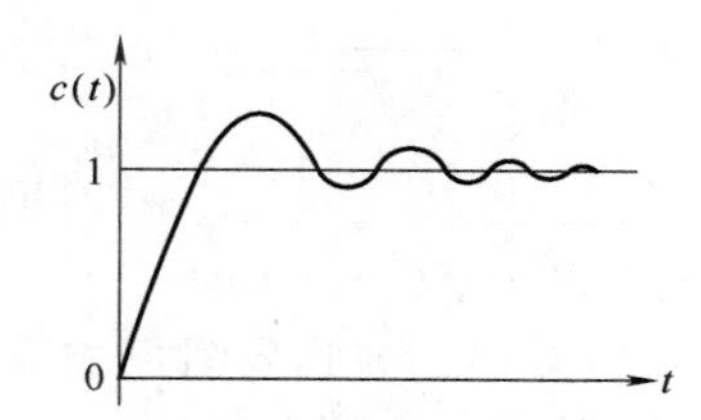

图 1.2　欠阻尼二阶系统单位阶跃响应曲线

将单位阶跃输入 $R(s)=1/s$ 代入式（1.1），得到输出为

$$C(s)=\frac{\omega_n^2}{s(s+\zeta\omega_n-\omega_n\sqrt{\zeta^2-1})(s+\zeta\omega_n+\omega_n\sqrt{\zeta^2-1})} \tag{1.11}$$

令 $\zeta=1$ 上式可简化为

$$C(s)=\frac{\omega_n^2}{s(s+\omega_n)^2}$$

对其进行因式分解可得

$$C(s)=\frac{1}{s}-\frac{1}{s+\omega_n}-\frac{\omega_n}{(s+\omega_n)^2}$$

对上式进行拉普拉斯反变换可得

$$c(t)=1-e^{-\omega_n t}-\omega_n te^{-\omega_n t}=1-e^{-\omega_n t}(1+\omega_n t) \tag{1.12}$$

其响应曲线如图 1.3 所示。当时间趋于无穷大时，输出响应曲线将趋近于输入信号 $c(t)=1$。尽管当时间趋于无穷大时，输出响应从理论上也无限趋于输入信号，但事实上，应用控制系统的输出和输入之间必然存在误差。

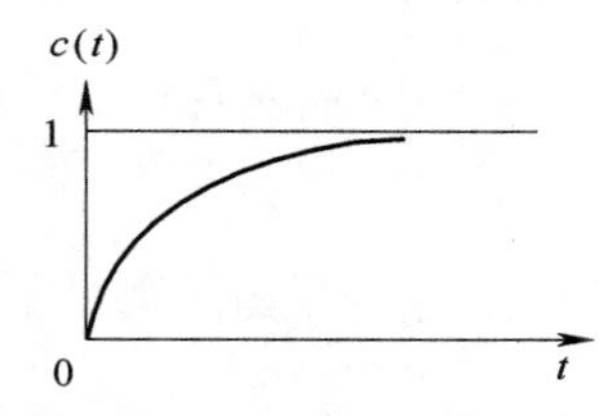

图 1.3　临界阻尼二阶系统单位阶跃响应曲线

4. 过阻尼（$\zeta>1$）

此时特征方程的根为

$$s_1,s_2=-\zeta\omega_n\pm\omega_n\sqrt{\zeta^2-1}$$

将单位阶跃输入 $R(s)=1/s$ 代入式（1.1），得到输出为

$$\begin{aligned}C(s)&=\frac{\omega_n^2}{s(s+\zeta\omega_n-\omega_n\sqrt{\zeta^2-1})(s+\zeta\omega_n+\omega_n\sqrt{\zeta^2-1})}\\&=\frac{1}{s}+\frac{[2(\zeta^2-\zeta\sqrt{\zeta^2-1}-1)]^{-1}}{s+\zeta\omega_n-\omega_n\sqrt{\zeta^2-1}}+\frac{[2(\zeta^2+\zeta\sqrt{\zeta^2-1}-1)]^{-1}}{s+\zeta\omega_n+\omega_n\sqrt{\zeta^2-1}}\end{aligned}$$

对上式进行拉氏反变换得到

$$c(t)=1+\frac{1}{2(\zeta^2-\zeta\sqrt{\zeta^2-1}-1)}e^{-(\zeta-\sqrt{\zeta^2-1})\omega_n t}+\frac{1}{2(\zeta^2+\zeta\sqrt{\zeta^2-1}-1)}e^{-(\zeta+\sqrt{\zeta^2-1})\omega_n t},t\geqslant 0 \tag{1.13}$$

其响应曲线如图 1.4 所示，可以看出，与临界阻尼响应式（1.12）相比，过阻尼响应式（1.13）达到稳态值的响应时间更长。

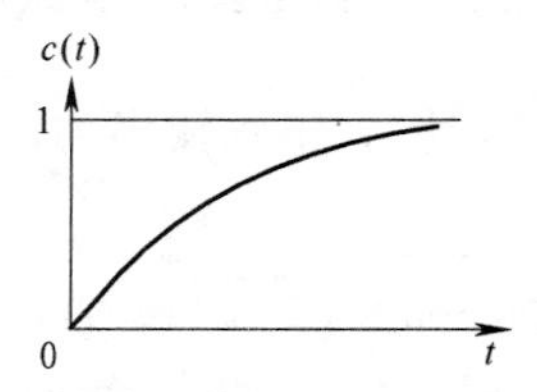

图 1.4　过阻尼二阶系统单位阶跃响应曲线

1.2.2　二阶系统时间响应性能指标

二阶系统时间响应性能指标是以系统对单位阶跃输入的瞬态响应形式给出的。本节重点说明欠阻尼二阶系统的时间响应性能指标。

1. 上升时间 T_r

上升时间 T_r 是响应曲线首次上升到稳态值的时间。根据式（1.7），对于二阶系统的单位阶跃响应

$$c(t)=1-e^{-\zeta\omega_n t}\left(\cos\omega_d t+\frac{\zeta}{\sqrt{1-\zeta^2}}\sin\omega_d t\right)$$

当 $c(t)=1$ 时，其响应时间即为上升时间 T_r

$$c(T_r)=1=1-e^{-\zeta\omega_n T_r}\left(\cos\omega_d T_r+\frac{\zeta}{\sqrt{1-\zeta^2}}\sin\omega_d T_r\right)$$

∵

$$e^{-\zeta\omega_n T_r}\neq 0$$

∴

$$\cos\omega_d T_r+\frac{\zeta}{\sqrt{1-\zeta^2}}\sin\omega_d T_r=0$$

整理可得

$$\tan\omega_d T_r=-\frac{\sqrt{1-\zeta^2}}{\zeta}$$

即

$$\omega_d T_r=\pi-\arctan\frac{\sqrt{1-\zeta^2}}{\zeta}$$

令

$$\beta=\arctan\left(\frac{\sqrt{1-\zeta^2}}{\zeta}\right) \tag{1.14}$$

可得上升时间 T_r 为

$$T_r=\frac{\pi-\beta}{\omega_d}=\frac{\pi-\beta}{\omega_n\sqrt{1-\zeta^2}} \tag{1.15}$$

2. 峰值时间 T_p

引入响应曲线的最大峰值 M_{T_p}，因此，峰值时间 T_p 是响应曲线第一次到达 M_{T_p} 的时间。对二阶系统的响应式（1.7）求导，并令其为 0，即 $c'(t)=0$，此时的时间即为峰值时间 T_p

$$\left.\frac{dc(t)}{dt}\right|_{t=T_p}=(1-\zeta^2)\sin\omega_d T_p+\zeta^2\sin\omega_d T_p=0$$

即

$$\sin\omega_d T_p=0$$

可得：$\omega_d T_p=n\pi$，$n=0$，1，2，…，k

因此峰值时间 T_p 为

$$T_p=\frac{\pi}{\omega_d}=\frac{\pi}{\omega_n\sqrt{1-\zeta^2}} \tag{1.16}$$

3. 最大百分比超调量 *PO*

定义最大百分比超调量 PO 为

$$PO=\frac{M_{T_p}-f_v}{f_v}\times100\% \tag{1.17}$$

其中，f_v 是时间响应稳态值，对于二阶系统单位阶跃响应，$f_v=1$。由于

$$M_{T_p}=1-\frac{1}{\sqrt{1-\zeta^2}}e^{-\zeta\omega_n T_p}\sin\left(\pi+\arctan\frac{\sqrt{1-\zeta^2}}{\zeta}\right)\times100\% \tag{1.18}$$

又∵

$$\beta=\arctan\frac{\sqrt{1-\zeta^2}}{\zeta}$$

∴

$$M_{T_p}=1-\frac{1}{\sqrt{1-\zeta^2}}e^{-\zeta\omega_n T_p}\sin\left(\pi+\arctan\frac{\sqrt{1-\zeta^2}}{\zeta}\right)\times100\%=1+e^{-\zeta\omega_n T_p} \tag{1.19}$$

将式（1.19）代入式（1.17），可得

$$PO=\frac{M_{T_p}-f_v}{f_v}\times100\%=\frac{1+e^{-\zeta\omega_n T_p}-1}{1}\times100\%=e^{-\zeta\omega_n T_p}\times100\%$$

又∵

$$T_p=\frac{\pi}{\omega_d}=\frac{\pi}{\omega_n\sqrt{1-\zeta^2}} \tag{1.20}$$

因此最大百分比超调量 PO 为

$$PO=e^{-\frac{\zeta\pi}{\sqrt{1-\zeta^2}}}\times100\% \tag{1.21}$$

4. 调整时间 T_s

当响应值和稳态值的差值达到一定阈值时，我们认为系统处于稳态。定义响应曲线达到

并一直保持在其阈值范围内的最短时间为调整时间 T_s，则 M_{T_s} 为

$$M_{T_s}=1-\frac{1}{\sqrt{1-\zeta^2}}e^{-\zeta\omega_n T_s}\sin(\pi-\beta)=1+e^{-\zeta\omega_n T_s} \tag{1.22}$$

关于 T_s 的值有两种情况。如果响应保持在稳态值的±2%内，即

$$M_{T_s}-1=1+e^{-\zeta\omega_n T_s}-1=e^{-\zeta\omega_n T_s}<0.02$$

可得

$$T_s=\frac{4}{\zeta\omega_n}(\delta=\pm2\%) \tag{1.23}$$

如果响应保持在稳态值的±5%内，则

$$T_s=\frac{3}{\zeta\omega_n}(\delta=\pm5\%) \tag{1.24}$$

1.2.3 质量-弹簧-阻尼系统时间响应

质量-弹簧-阻尼系统原理如图 1.5a 所示；当有 2N 的阶跃输入力作用于系统时，质量块 m 的运动规律如图 1.5b 所示。

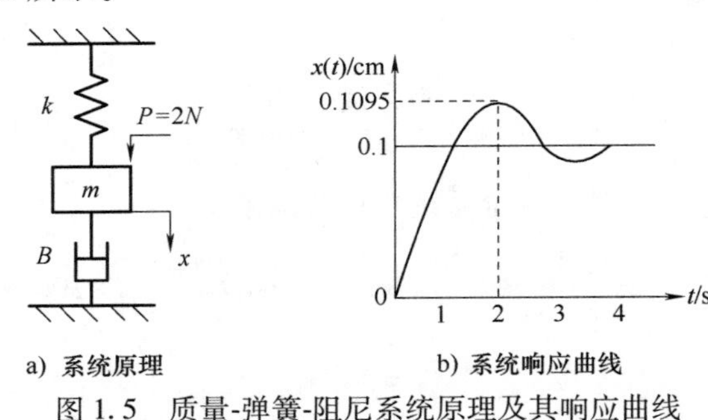

图 1.5 质量-弹簧-阻尼系统原理及其响应曲线

由图 1.5a 可得质量-弹簧-阻尼系统的闭环传递函数为

$$\frac{X(s)}{P(s)}=\frac{1}{ms^2+Bs+k} \tag{1.25}$$

将式（1.25）与二阶系统的通式（1.1）进行对比可知

$$\omega_n^2=\frac{k}{m} \tag{1.26}$$

$$2\zeta\omega_n=\frac{B}{m} \tag{1.27}$$

1.3 实验步骤

1.3.1 系统参数辨识实验 1

质量-弹簧-阻尼机械振动实验系统参数辨识实验步骤介绍视频

步骤 1 按照以下步骤配置实验硬件系统：

1）质量块 1 上安装 2kg 砝码。

2）在质量块1左侧安装弹性系数为980N/m的弹簧，右侧悬空。

3）将质量块1左侧与驱动机构连接的连杆取下，使其与电动机部分完全脱离。

执行完上述步骤后，实验系统可简化为图1.6所示的模型，称之为系统参数辨识实验1。

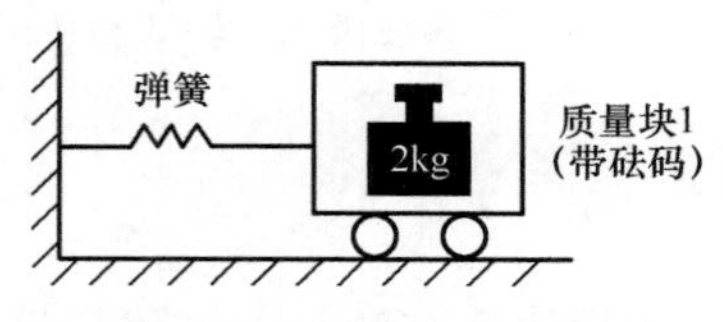

图1.6 系统参数辨识实验1

步骤2 按照以下步骤配置实验软件系统：

1）打开TwinCAT软件，进入运行模式。

2）打开HMI界面，进入系统参数辨识实验，并在软件界面中执行光栅尺数据清零操作。

3）打开Scope界面，开始记录光栅尺数据波形。

步骤3 按照以下步骤给系统一个阶跃输入并获取响应曲线和数据：

1）将质量块1向左侧移动3cm左右，使弹簧压缩，大约1s后释放，质量块1会左右振荡运动并逐渐停下，同时TwinCAT软件的Scope界面会实时显示光栅尺数据波形，振荡结束后暂停波形记录并得到波形。

2）在Scope界面，通过鼠标操作，获取几个完整振荡周期的时间点数据，根据时间数据可计算得到实验1的阻尼自然频率ω_{d_1}、阻尼比ζ_1以及无阻尼自然频率ω_{n_1}。

1.3.2 系统参数辨识实验2

在系统参数辨识实验1基础上，将质量块1上安装的2kg砝码去掉，其他条件不变，使系统质量仅包含质量块1托架部分，实验系统可简化为图1.7所示的模型，称之为系统参数辨识实验2。重复实验1整个操作过程，根据实验结果计算系统阻尼比ζ_2和无阻尼自然频率ω_{n_2}。

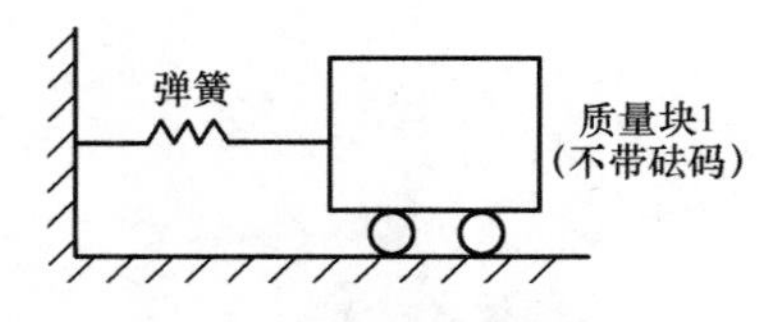

图1.7 系统参数辨识实验2

1.3.3 系统参数辨识实验3和4

系统参数辨识实验1和实验2是针对质量块1开展的，而实验3和实验4将针对质量块2开展上述实验。用限位螺栓限制质量块1左右方向的自由度，使质量块1固定，则实验系统可简化为图1.8所示的模型，重复实验1和实验2的步骤，获得ω_{n_3}、ζ_3和ω_{n_4}、ζ_4。

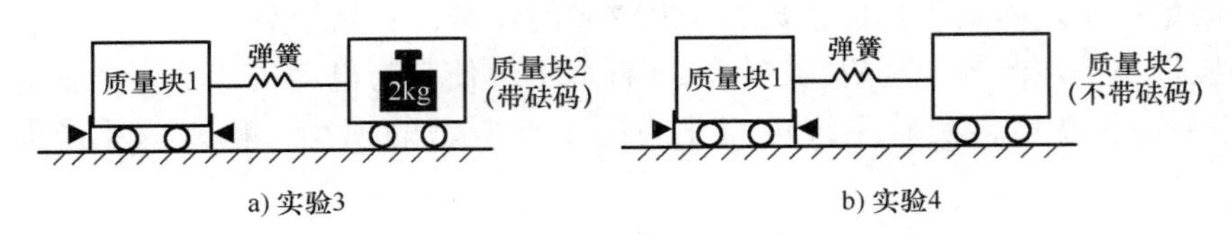

图 1.8　系统参数辨识实验 3 和 4

1.3.4　系统参数辨识实验 5

在实验 3 硬件配置基础上，将质量块 2 右侧与气缸阻尼器连接，且质量块 2 上安装 2kg 砝码。实验系统可以简化为图 1.9 所示的模型，称之为系统参数辨识实验 5。

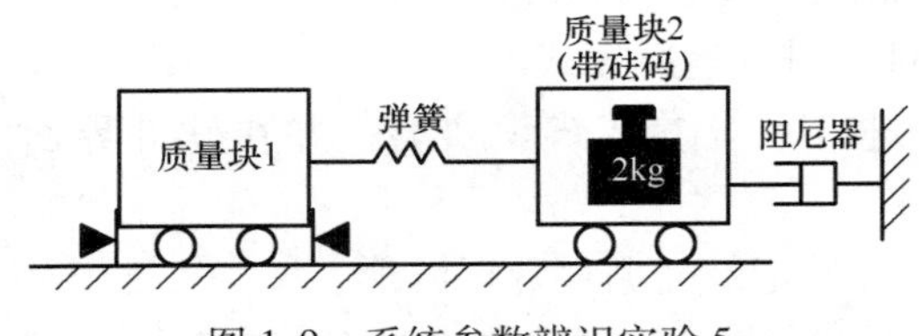

图 1.9　系统参数辨识实验 5

重复实验 3 步骤（将质量块 2 向左侧移动 5cm 左右），根据获取的实验结果可计算出带有阻尼器的系统阻尼比 ζ_q 及无阻尼自然频率 ω_{nq}。

1.3.5　质量-弹簧-阻尼系统参数计算

通过系统参数辨识实验获得波形，根据时间数据可得无阻尼自然频率 ω_n，由最大百分比超调量 PO 可计算得到阻尼比 ζ，通过以上实验数据可计算确定质量-弹簧-阻尼系统传递函数的各个系数 m、B、k，从而得到传递函数

$$\frac{X(s)}{P(s)}=\frac{1}{ms^2+Bs+k}$$

1.4　实验报告

1.4.1　实验基本信息

表 1.1　实验基本信息

实验名称	实验日期	实验老师	实验小组成员

1.4.2　实验数据及计算过程

首先，在响应曲线上选取可用来计算振荡周期的坐标 1、2，以及可用来计算最大百分比超调量的坐标 3、4、5 记入表 1.2 中；然后，根据表 1.2 中阻尼自然频率和最大百分比超调量的数值计算表 1.3 中各个参数，并将计算过程填入其中。

表 1.2　系统参数辨识实验记录

实验项目	坐标		振荡周期/s	阻尼自然频率 /rad·s^{-1}	坐标			最大百分比超调量
	1	2			3	4	5	
实验 1								
实验 2								
实验 3								
实验 4								
实验 5								

表 1.3　系统参数辨识实验数据及计算过程

参　数	数值（带单位）	备　注	计算过程
ω_{n_1}		质量块 1 砝码+托架 无阻尼自然频率	
ζ_1		质量块 1 砝码+托架 阻尼比	
ω_{n_2}		质量块 1 仅托架 无阻尼自然频率	
ζ_2		质量块 1 仅托架 阻尼比	
ω_{n_3}		质量块 2 砝码+托架 无阻尼自然频率	
ζ_3		质量块 2 砝码+托架 阻尼比	
ω_{n_4}		质量块 2 仅托架 无阻尼自然频率	
ζ_4		质量块 2 仅托架 阻尼比	
ω_{nq}		质量块 2 砝码+托架 带阻尼器 无阻尼自然频率	
ζ_q		质量块 2 砝码+托架 带阻尼器 阻尼比	
m_w		砝码总质量 （已知）	

（续）

参　数	数值（带单位）	备　注	计算过程
m_{c_1}		质量块 1 仅托架 质量	
m_{c_2}		质量块 2 仅托架 质量	
B_1		质量块 1 阻尼系数	
B_2		质量块 2 阻尼系数	
k_{mid}		弹簧 实测弹性系数	

1.4.3　实验结果分析

（1）在通过实验获取质量-弹簧-阻尼系统传递函数系数 m、B、k 的过程中，哪个参数的误差最大？原因是什么？

（2）可否利用峰值时间 T_p 来计算阻尼自然频率？和利用振荡周期计算阻尼自然频率相比，哪种方法获得的数据更准确、误差更小？

实验 2　实验系统数学建模与仿真

2.1　实验目的

1）以质量-弹簧-阻尼系统为例，掌握二阶系统数学建模及仿真的方法。

2）观察二阶系统瞬态响应曲线，将仿真结果与实验结果进行比较，验证所建模型的正确性。

2.2　实验原理

实验原理同实验 1。

2.3　实验步骤

2.3.1　实验准备

按照以下步骤配置实验硬件系统：

1）在质量块 1 上安装 2kg 砝码。

2）将质量块 1 右侧悬空。

3）利用连杆将质量块 1 左侧与齿轮齿条机构相连，使得质量块 1 处于标尺零刻度位置的同时，电动机轴齿轮也刚好啮合在齿条中心位置。

4）将质量块 1 左侧安装上弹性系数为 2900N/m 的弹簧。

由于电动机以及连杆本身存在不可忽略的阻尼，因此可不连接气缸阻尼器。执行完上述步骤后，实验系统简化为图 2.1 所示的模型，称之为“质量-弹簧-阻尼系统”。在力矩模式下，电动机轴输出的扭矩通过齿轮齿条机构作用在质量块 1 上，由此确定系统动力学方程及传递函数。

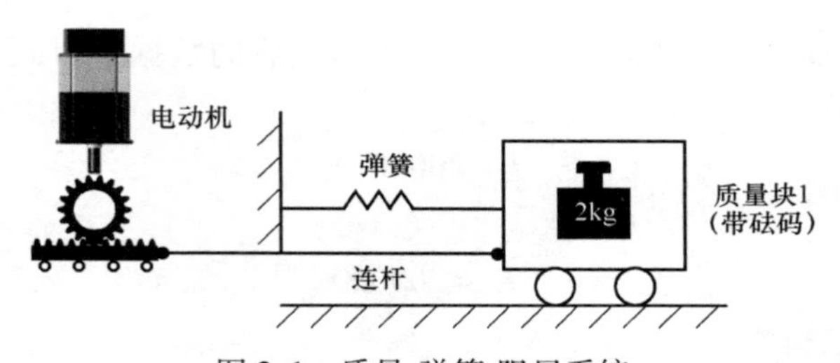

图 2.1　质量-弹簧-阻尼系统

2.3.2 传递函数参数计算

由实验 1 可知，通过系统参数辨识实验可获得响应曲线，根据时间数据可得无阻尼自然频率 ω_n，由最大百分比超调量 PO 可计算得到阻尼比 ζ，然后可计算确定质量-弹簧-阻尼系统传递函数的各个系数 m、B、k，代入式（2.1），可得数学模型

$$\frac{X(s)}{P(s)}=\frac{1}{ms^2+Bs+k} \tag{2.1}$$

2.3.3 MATLAB 仿真

搭建 Simulink 仿真模型前，需要先计算系统硬件增益。对于如图 2.2 所示的闭环控制系统传递函数方框图，输入量为质量块位置目标值，输出量为光栅尺测得的数据，其量纲与输入量相同。K_i 和 K_o 分别是输入和输出增益。K_i 的输入为伺服控制器的输出，即驱动器的目标力矩 T，单位为 N · m，K_i 的输出为通过万向节和连杆作用于质量块 1 的力 F，单位为 N。K_o 的输入为系统响应的输出，单位为 m，K_o 的输出即为光栅尺的读数 P。

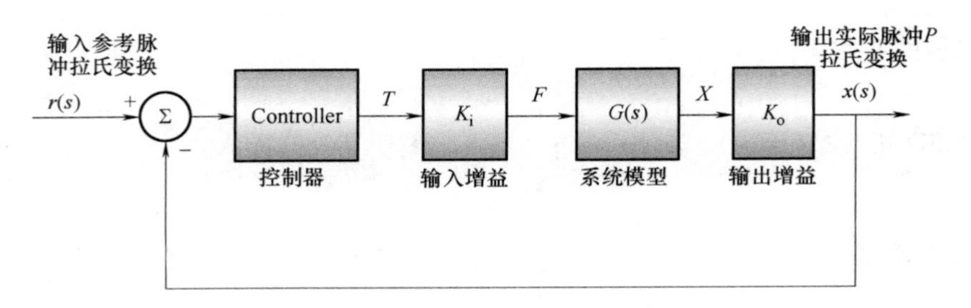

图 2.2 闭环控制系统传递函数方框图

T 和实际电动机输出力矩 T_o 之间满足以下关系

$$T_o=0.00127T(\text{N}\cdot\text{m})$$

又因为齿轮齿条机构中的齿轮半径为 2.5cm，则 T 和实际作用于质量块 1 上的力 F 之间满足以下关系

$$F=\frac{T_o}{0.025}=0.0508T(\text{N})$$

因此，

$$K_i=0.0508 \tag{2.2}$$

光栅尺的栅距为 50 线/mm，且读到的脉冲数为 4 倍频后的数据，因此光栅尺读数 P 和质量块实际位置 X 之间存在以下关系

$$P=200000X$$

因此，

$$K_o=200000 \tag{2.3}$$

最终可得，系统硬件增益为

$$K_{hw}=K_iK_o=10160 \tag{2.4}$$

根据 2. 3. 2 节获得的传递函数和系统增益 K_i、K_o，在 MATLAB Simulink 平台下搭建系统数学模型，并施加阶跃信号，仿真得到系统阶跃响应，如图 2. 3 所示。

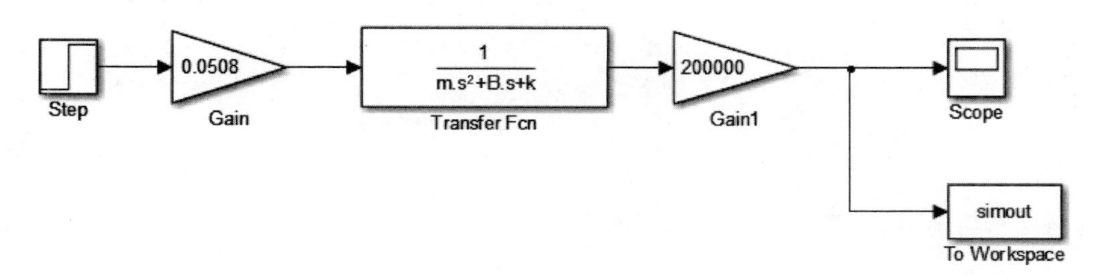

图 2. 3　Simulink 仿真模型

模型仿真配置如图 2. 4 所示，阶跃输入信号的设置如图 2. 5 所示。运行仿真模型得到系统的阶跃响应，由响应曲线可计算得出仿真结果（频率），并进一步验证其与 2. 3. 2 节中得到的参数辨识实验值是否一致。

Simulation time
Start time: 0.0　Stop time: 5
Solver options
Type: Fixed-step　Solver: ode4 (Runge-Kutta)

图 2. 4　模型仿真配置

Block Parameters: Step
Step
Output a step.
Parameters
Step time:
1
Initial value:
0
Final value:
1200
Sample time:
0
☑ Interpret vector parameters as 1-D
☑ Enable zero-crossing detection
OK　Cancel　Help　Apply

图 2. 5　阶跃输入信号设置

2.4　实验报告

2.4.1　实验基本信息

表 2.1　实验基本信息

实验名称	实验日期	实验老师	实验小组成员

2.4.2　实验数据及计算过程

首先，在响应曲线上选取可用来计算振荡周期的坐标 1、2，以及可用来计算最大百分比超调量的坐标 3、4、5 记入表 2.2 中；然后，根据表 2.2 中阻尼自然频率和最大百分比超调量的数值计算表 2.3 中各个参数，并将计算过程填入其中。

表 2.2　系统参数辨识实验记录

实验项目	坐标		振荡周期/s	阻尼自然频率 /rad · s^{-1}	坐标			最大百分比超调量
	1	2			3	4	5	
实验 1								
实验 2								

表 2.3　系统参数辨识实验数据及计算过程

参数	数值（带单位）	备注	计算过程
ω_{n_1}		质量块 1 砝码+托架 无阻尼自然频率	
ζ_1		质量块 1 砝码+托架 阻尼比	
ω_{n_2}		质量块 1 仅托架 无阻尼自然频率	

（续）

参　　数	数值（带单位）	备　　注	计算过程
ζ_2		质量块 1 仅托架 阻尼比	
m_w		砝码总质量 （已知）	
m_{c1M}		质量块 1 连接电动机 仅托架 质量	
B_1		质量块 1 阻尼系数	
k_{hig}		弹簧 实测弹性系数	

（1）将 Simulink 仿真模型以及仿真响应曲线附于下方。

（2）仿真结果（频率）与实验结果（频率）的差值是多少？

2.4.3　实验结果分析

说明 Simulink 仿真模型能否很好地模拟质量-弹簧-阻尼系统。

实验3 PID控制

3.1 实验目的

1）通过本实验掌握PID调节器校正分析方法。

2）通过本实验掌握PID调节器各个控制单元对系统的影响。

3.2 实验原理

在确定校正装置的形式时，应该先了解校正装置所需提供的控制规律，以便选择相应的校正元件。包含校正装置在内的控制器，常常采用比例（Proportional）、积分（Integral）、微分（Derivative）等基本控制规律或采用这些基本控制规律的某些组合（如比例-积分、比例-微分、比例-积分-微分等组合控制规律），以实现对控制对象的有效控制。

比例-积分-微分控制，简称PID控制或PID调节，是工程实际中应用最为广泛的控制规律。在时域中，连续系统PID调节器的控制律通常表示为

$$u(t)=K_{\mathrm{p}}\left[e(t)+\frac{1}{T_{\mathrm{i}}}\int_{0}^{t}e(\tau)\mathrm{d}\tau+T_{\mathrm{d}}\frac{\mathrm{d}e(t)}{\mathrm{d}t}\right] \tag{3.1}$$

式中，$e(t)$ 为输入输出误差信号；K_{p} 为比例增益系数；T_{i} 为积分时间常数；T_{d} 为微分时间常数。

PID控制律可以理解为误差的过去 $\int_{0}^{t}e(\tau)\mathrm{d}\tau$ 、现在 $e(t)$ 和将来 $\frac{\mathrm{d}e(t)}{\mathrm{d}t}$ 的线性组合，其精髓是“基于误差反馈来消除误差”。

PID调节器的传递函数可写为

$$G_{\mathrm{c}}(s)=K_{\mathrm{p}}+\frac{K_{\mathrm{i}}}{s}+K_{\mathrm{d}}s \tag{3.2}$$

式中，K_{i}、K_{d} 分别为调节器的积分增益系数和微分增益系数，$K_{\mathrm{i}}=\frac{K_{\mathrm{p}}}{T_{\mathrm{i}}}$、$K_{\mathrm{d}}=K_{\mathrm{p}}T_{\mathrm{d}}$。

在PID调节器中，其比例、积分和微分的调节作用是相互独立的。比例、积分和微分控制常称为线性系统的基本控制规律。

3.2.1 比例（P）控制

比例控制是一种最简单的控制方式。比例控制器的输出 $u(t)$ 与误差信号 $e(t)$ 成正比关系。偏差一旦产生，调节器立即产生控制作用，使被控量朝着减小偏差的方向变化。偏差减小的速度取决于比例系数 K_{p}，K_{p} 越大，偏差减小得越快，但很容易引起振荡，尤其是系

统中存在迟滞环节比较大的情况；K_p 减小，发生振荡的可能性减小，但调节速度也会变慢。单纯的比例控制较难兼顾系统稳态和暂态两方面的性能和要求。

3.2.2 积分（I）控制

积分控制器的输出 $u(t)$ 与误差信号 $e(t)$ 的积分 $\int_0^t e(t)\mathrm{d}t$ 成正比例关系。积分控制的作用是消除系统的稳态误差，同时增强系统抗高频干扰能力。积分时间常数 T_i 越小，积分作用越强，但积分作用太强会使系统的稳定性下降。纯积分环节会带来相角滞后，减少系统的相角裕度，通常不单独使用。

3.2.3 微分（D）控制

微分控制器的输出 $u(t)$ 与误差信号 $e(t)$ 的微分 $\frac{\mathrm{d}e(t)}{\mathrm{d}t}$，即误差的变化率，成正比关系。微分控制器能够反映出误差的变化趋势，可在误差信号出现之前就起到修正误差的作用。微分控制可以增大截止频率和相角裕度，减小超调量和调节时间，从而提高系统的快速性和平稳性。但微分作用很容易放大高频噪声，降低系统的信噪比，从而使系统抑制干扰的能力下降，通常不单独使用。

鉴于上述分析，在实际使用中，应用比例、积分和微分控制的基本规律，通过适当的组合构成校正装置，加入系统中以实现对被控对象的有效控制。设计者的主要任务是恰当地组合这些环节，确定连接方式及它们的参数。通常使用的调节器有比例-积分（PI）调节器、比例-微分（PD）调节器和比例-积分-微分（PID）调节器，这些调节器的控制规律也被视为线性系统的基本控制规律。

3.2.4 比例-积分（PI）控制

比例-积分环节的传递函数为

$$G_c(s)=K_p\left(1+\frac{K_i}{K_p s}\right)=K_p\left(1+\frac{1}{T_i s}\right) \tag{3.3}$$

在串联校正时，PI 调节器相当于在系统中增加了一个位于原点的开环极点，同时也增加了一个位于左半 s 平面的开环零点。位于原点的极点可以提高系统的类型，以消除或减小系统的稳态误差，改善系统的稳态性能，增加系统抗高频干扰的能力，但同时也增加了相位滞后，降低了系统的带宽，增大了调节时间；而增加的负实零点则用来提高系统的阻尼程度，缓和 PI 调节器极点对系统稳定性产生的不利影响。在控制工程实践中，PI 调节器主要用于改善系统的稳态性能。PI 调节器适用于对象滞后较大、负载变化较大，但变化缓慢、要求控制结果无误差的场合。此种控制规律广泛应用于压力、流量、液位和那些没有较大时间滞后的具体对象。

3.2.5 比例-微分（PD）控制

比例-微分环节的传递函数为

$$G_c(s)=K_p\left(1+\frac{K_d}{K_p}s\right)=K_p(1+T_d s) \tag{3.4}$$

PD 调节器中的微分控制规律，能反映输入信号的变化趋势，产生有效的早期修正信号，以增加系统的阻尼程度，从而改变系统的稳定性，可使系统增加一个$-T_d$的开环零点，使系统的相角裕度提高，降低系统的超调量，因而有助于系统动态性能的改善。PD 调节器在提升高频段增益、增加剪切频率附近频段的相角裕度的同时，也提高了系统的剪切频率值和系统的快速性；但高频段增益上升可能导致执行元件输出饱和，并降低了系统抗高频干扰的能力。PD 调节器适用于对象滞后大、负载变化不大、被控变量变化不频繁、控制要求允许有稳态误差存在的场合。

3.2.6　比例-积分-微分（PID）控制

比例-积分-微分环节的传递函数为

$$G_c(s)=K_p\left(1+\frac{1}{T_i s}+T_d s\right)=K_p\frac{T_d s^2+T_i s+1}{T_i s} \tag{3.5}$$

从传递函数以看出，PID 校正时增加了一个位于原点的开环极点，使系统的类型提高一级，同时还增加了两个负实零点。与 PI 控制相比，除了同样具有提高系统稳态性能的优点外，其还多提供了一个负实零点，从而在提高系统的动态性能方面，具有更大的优越性。PID 调节器在低频段，主要是 PI 调节器起作用，用以提高系统类型，消除或减小稳态误差，改善系统的稳态性能；在中、高频段，主要是 PD 调节器起作用，用以增大剪切频率和相角裕度，提高系统的响应速度，有效提高系统的动态性能。因此，在工业过程控制中，广泛使用 PID 调节器，其主要适用于对象滞后大、负载变化较大但不甚频繁、对控制质量要求较高的场合。

3.3　刚体 PID 控制

3.3.1　实验准备

首先按照以下步骤配置质量-弹簧-阻尼刚性结构机械振动系统：

1）在质量块 1 上安装 2kg 砝码。

2）将质量块 1 右侧悬空。

3）利用连杆将质量块 1 左侧与齿轮齿条机构相连，使得质量块 1 处于标尺零刻度位置的同时，电动机轴齿轮也刚好啮合在齿条中心位置。

执行完上述步骤后，实验系统简化为图 3.1 所示的模型，称之为“刚体 PID 控制”。

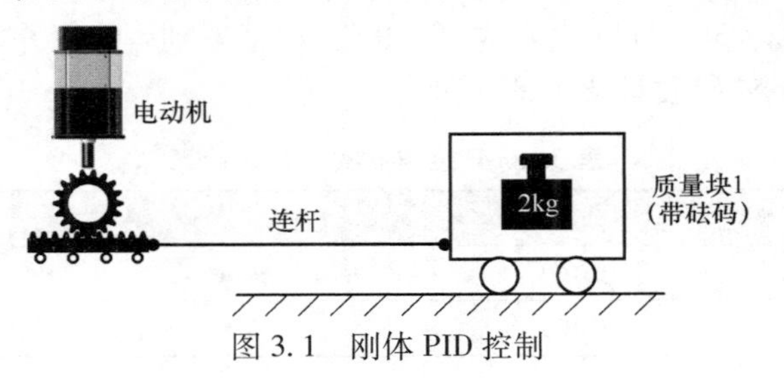

图 3.1　刚体 PID 控制

3.3.2　传递函数参数计算

伺服驱动器工作在力矩模式下，可精确控制电动机轴输出的扭矩，通过齿轮齿条机构作用在质量块上，因此质量块1动力学模型如图3.2所示，其中m为质量块1的质量，x为质量块1的位移，F为施加在质量块1上的力，则系统的传递函数为

$$G(s)=\frac{1}{ms^2} \tag{3.6}$$

在此基础上，加入PID调节器，可得到刚体PID闭环控制系统，其传递函数方框图如图3.3所示，并可得传递函数为

$$G(s)=\frac{C(s)}{R(s)}=\frac{(K_{hw}k_d)s^2+(K_{hw}k_p)s+(K_{hw}k_i)}{ms^3+(K_{hw}k_d)s^2+(K_{hw}k_p)s+(K_{hw}k_i)} \tag{3.7}$$

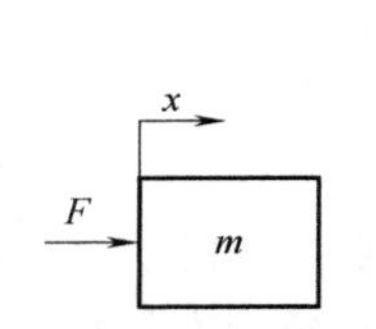

图3.2　刚体PID动力学模型

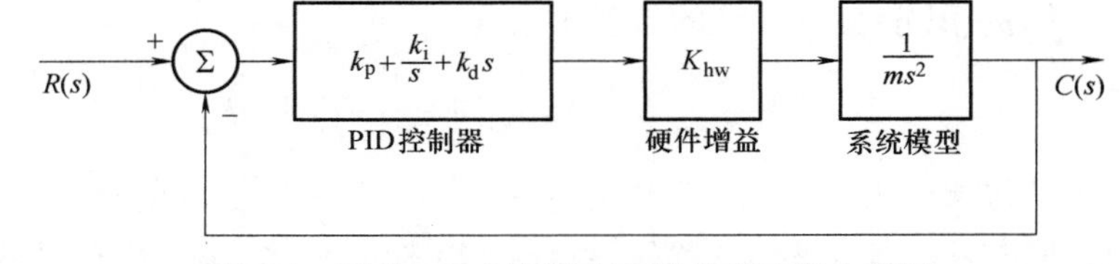

图3.3　刚体PID闭环控制系统传递函数方框图

3.3.3　P控制器

在闭环传递函数中，设置$k_d=0$，$k_i=0$，可得到P控制器下的闭环传递函数为

$$c(s)=\frac{x(s)}{r(s)}=\frac{K_{hw}k_p}{ms^2+K_{hw}k_p}=\frac{\frac{K_{hw}k_p}{m}}{s^2+\frac{K_{hw}k_p}{m}}$$

特征方程为

$$s^2+\frac{K_{hw}k_p}{m}=0$$

因此可得

$$\zeta=0 \tag{3.8}$$

$$\omega=\sqrt{\frac{K_{hw}k_p}{m}} \tag{3.9}$$

将振荡频率值4Hz、5Hz分别代入式（3.9），计算得到k_p的值并将其填入表3.1，其中m为实验1中测得的带砝码质量块1的质量。

表3.1　P控制器实验参数计算

f	K_{hw}	m	k_p
4Hz	10160		
5Hz	10160		

基于3.3.1节的步骤配置实验硬件系统，并分别根据两种k_p值开展实验，验证理论计算得到的k_p值能否满足设计要求。

在HMI界面中进入刚体PID控制实验界面如图3.4所示，并按照顺序执行以下操作：

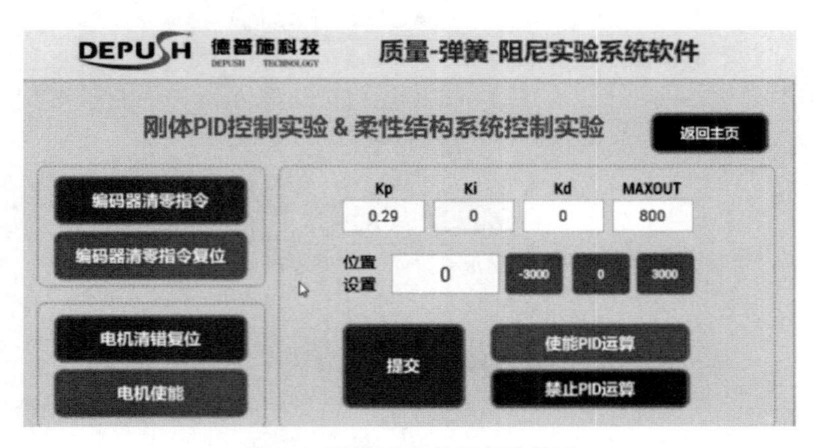

图 3.4　刚体 PID 控制实验界面

1）移动质量块 1 到标尺零刻度位置。

2）打开实验系统电源。

3）软件界面中通过相关按钮，执行编码器清零和电动机清错复位、电动机使能操作。

刚体 PID 控制实验步骤介绍视频

4）PID 参数输入框内分别输入表 3.2 中的参数，其中 k_p 值为表 3.1 中计算所得。

表 3.2　P 控制器实验参数输入框

k_p	（见表 3.1）
k_i	0
k_d	0
MAXOUT	800
位置设置	0

5）先后单击“提交”和“使能 PID 运算”按钮，电动机开始输出力矩，注意此时电动机如果出现任何异常抖动，必须立即按下急停按钮并检查设备及软件参数设置是否正确。

6）在 Scope 界面单击“Record”按钮开始记录波形。

7）用手轻轻将质量块 1 向左边移动 2cm，在该处保持大约 1s 后将其释放，记录波形。

8）实验结束后，先使电动机失能，再单击“禁止 PID 运算”按钮。

将实验所得响应曲线的振荡频率f_{exp}记入表 3.3，与设定频率f对比。

表 3.3　P 控制器实验结果

实验项目	f	f_{exp}	$f_{exp}-f$
1	4Hz		
2	5Hz		

3.3.4　PD 调节器

在闭环传递函数（3.7）中，设置 $k_i=0$，可得到 PD 调节器下的闭环传递函数为

$$c(s)=\frac{x(s)}{r(s)}=\frac{\frac{(K_{hw}k_d)}{m}s+\frac{(K_{hw}k_p)}{m}}{s^2+\frac{(K_{hw}k_d)}{m}s+\frac{(K_{hw}k_p)}{m}}$$

特征方程为

$$s^2+\frac{(K_{hw}k_d)}{m}s+\frac{(K_{hw}k_p)}{m}=0$$

因此可得

$$\zeta=\frac{K_{hw}k_d}{2\sqrt{K_{hw}k_p m}} \tag{3.10}$$

$$\omega=\sqrt{\frac{K_{hw}k_p}{m}} \tag{3.11}$$

将表 3.4 中两组阻尼比 ζ 和振荡频率 f 参数，分别代入式（3.10）和式（3.11），计算得到 k_p、k_d 的值并将其填入表 3.4 中。其中，m 为系统参数辨识实验中测得的质量-弹簧-阻尼系统质量。根据 3.3.1 节的步骤配置实验硬件系统，然后开展实验，获得响应曲线（实验具体操作同 3.3.3 节）。

表 3.4　PD 调节器实验参数计算

实验项目	ζ	f	K_{hw}	m	k_p	k_d
1	0.2	4Hz	10160			
2	2	4Hz	10160			

通过实验在安全范围内（$0.2\leqslant\zeta\leqslant2$）选出使响应曲线没有超调且上升速度快的最优阻尼比（实验具体操作同 3.3.3 节），将每次实验所选的阻尼比、对应的 k_p、k_d、以及实验所得的超调量 M_{Tp}、上升时间 T_r 填入表 3.5 中。观察不同 k_d 值对响应曲线的影响，并将所得最优阻尼比实验结果记入 3.5.2 节的表 3.7 中。

表 3.5　PD 调节器实验最优阻尼比选择

实验项目	f	ζ	k_p	k_d	M_{Tp}	T_r
1	4Hz					
2	4Hz					
3	4Hz					
4	4Hz					

3.3.5　PID 调节器

在 PD 调节器基础上，加入积分环节 I，并通过实验比较 PID 调节器和 PD 调节器的区别。

（1）$k_i=0$　取 PD 调节器最优阻尼比参数，令 $k_i=0$，软件界面中输入位置为 3000，开展实验（实验具体操作同 3.3.3 节），获取响应曲线，并将结果记入 3.5.2 节的表 3.7 中。

（2）$k_i=0.5$　将 k_i 设置为0.5，重复上述实验，观察积分环节I对实验效果的影响，获取响应曲线，并将结果记入3.5.2节的表3.7中。

3.4　柔性结构PID控制

3.4.1　实验准备

按照以下步骤配置质量-弹簧-阻尼柔性结构机械振动系统：

1）在质量块1上安装2kg砝码。

2）将质量块1右侧悬空。

3）利用连杆将质量块1左侧与齿轮齿条机构相连，使得质量块1处于标尺零刻度位置的同时，电动机轴齿轮也刚好啮合在齿条中心位置。

4）将质量块1左侧安装上弹性系数为980N/m的弹簧。

执行完上述步骤后，实验系统可简化为图3.5所示的模型，称之为“柔性PID控制”。

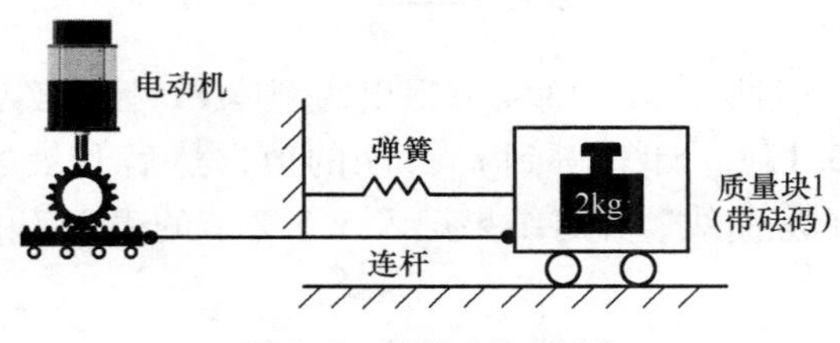

图3.5　柔性PID控制

3.4.2　传递函数参数计算

柔性结构的PID动力学模型如图3.6所示，其中 m 为质量块1的质量，x 为质量块1的位移，F 为施加在质量块1上的力，k_{mid} 为弹簧的弹性系数，则系统的传递函数为

$$G(s)=\frac{1}{ms^2+k_{mid}} \tag{3.12}$$

在此基础上，加入PID调节器，可得到柔性结构的PID闭环控制系统，其传递函数方框图如图3.7所示，并可得传递函数为

$$G(s)=\frac{X(s)}{R(s)}=\frac{(K_{hw}k_d)s^2+(K_{hw}k_p+k_{mid})s+(K_{hw}k_i)}{ms^3+(K_{hw}k_d)s^2+(K_{hw}k_p+k_{mid})s+(K_{hw}k_i)} \tag{3.13}$$

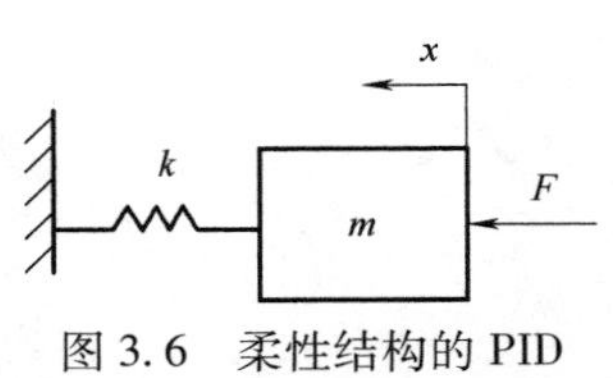

图3.6　柔性结构的PID动力学模型

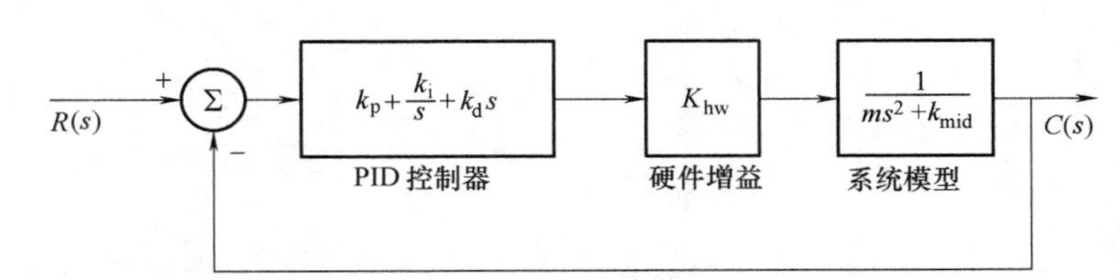

图3.7　柔性结构的PID闭环控制系统传递函数方框图

3.4.3 PD 调节器

在闭环传递函数（3.13）中，设置 $k_i=0$，可得 PD 调节器下的闭环传递函数为

$$c(s)=\frac{x(s)}{r(s)}=\frac{\frac{(K_{hw}k_d)}{m}s+\frac{(K_{hw}k_p+k_{mid})}{m}}{s^2+\frac{(K_{hw}k_d)}{m}s+\frac{(K_{hw}k_p+k_{mid})}{m}}$$

特征方程为

$$s^2+\frac{(K_{hw}k_d)}{m}s+\frac{(K_{hw}k_p+k_{mid})}{m}=0$$

因此可得

$$\zeta=\frac{K_{hw}k_d}{2\sqrt{m(K_{hw}k_p+k_{mid})}} \tag{3.14}$$

$$\omega=\sqrt{\frac{K_{hw}k_p+k_{mid}}{m}} \tag{3.15}$$

令振荡频率 f 为 4Hz，阻尼比取 3.3.4 节得出的刚体 PD 控制实验中选出的最优阻尼比，代入式（3.14）和式（3.15），计算得到 k_p、k_d 的值，然后开展实验（实验具体操作同 3.3.4 节的步骤），获取响应曲线，并将结果记入 3.5.2 节的表 3.7 中。

3.4.4 PID 调节器

在 PD 调节器基础上，加入积分环节 I，并通过实验比较 PID 调节器和 PD 调节器在控制柔性结构时的区别。在 3.4.3 节介绍的 PD 调节器实验的基础上，取 $k_i=0.5$，获得响应曲线，并将结果记入 3.5.2 节的表 3.7 中。

3.5　实验报告

3.5.1　实验基本信息

表 3.6　实验基本信息

实验名称	实验日期	实验老师	实验小组成员

3.5.2　实验数据及计算过程

表 3.7　实验数据

项目编号	实验项目	超调量 M_{T_p}	上升时间 T_r	稳态值 y（∞）
1	刚体 PD 调节器			
2	刚体 PID 调节器 $k_i=0$			
3	刚体 PID 调节器 $k_i=0.5$			
4	柔性 PD 调节器			
5	柔性 PID 调节器			

（1）请写出项目 1~3 中 P 参数和 D 参数的计算过程

（2）请写出项目 4 和 5 中 P 参数和 D 参数的计算过程

（3）在下方空白处粘贴实验响应曲线图

3.5.3 实验结果分析

（1）简析 P 控制器的调节作用。

（2）简析 I 控制器的调节作用。

（3）简析 D 控制器的调节作用。

（4）什么样的系统适合用 PD 调节器进行控制？什么样的系统适合用 PI 调节器？

实验 4 开放实验——双自由度系统自由振动模态分析

本节将研究和验证双自由度系统的两种模态及其固有频率。首先按照以下步骤配置质量-弹簧-阻尼双自由度系统：

1）取下两个质量块的限位螺栓，使其能自由运动。

2）在两个质量块上安装 2kg 砝码。

3）取下质量块 1 左侧与齿轮齿条机构相连接的连杆。

4）气缸阻尼器不与质量块连接。

5）在两个质量块的左右两侧分别安装弹性系数为 980N/m 的弹簧。

执行完上述步骤后，实验系统简化为图 4.1 所示的模型，称之为“双自由度系统自由振动模型”。

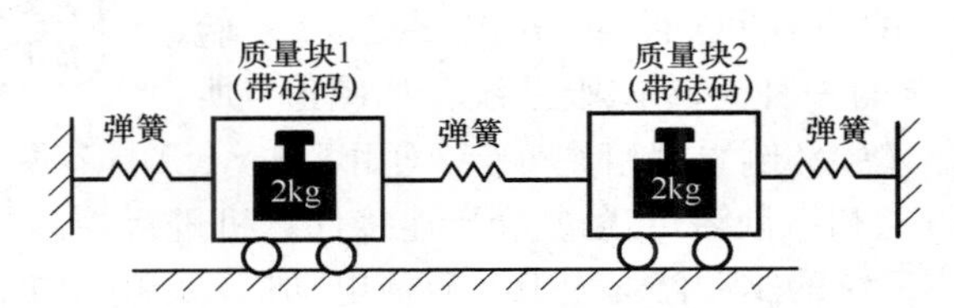

图 4.1 双自由度系统自由振动模型

该系统有两个模态和两个固有频率。第一模态为两个质量块同时向同一方向移动相同的距离，观察质量块的振荡规律，记录下此时的振荡频率，记为第一模态固有频率。第二模态为两个质量块同时向相反方向移动相同的距离，观察质量块的振荡规律，记录下此时的振荡频率，记为第二模态固有频率。总结归纳出第一、第二模态固有频率与质量块质量 m 和弹簧刚度 k 的关系（m 使用实验 1 所得数据）。

一般情况下，任意初始条件都能激发出系统的两种模态。

保持一个质量块不动，同时将另一个质量块向任意方向移动 2.0cm 并释放。观察两个质量块不规则的自由振动响应曲线，总结归纳自由振动响应信号的频率与两种模态的固有频率之间的关系。

第Ⅱ篇　Quanser QUBE-Servo 2 实验系统

Ⅱ.1　实验硬件系统

QUBE-Servo 2 硬件系统介绍视频

由加拿大 Quanser 公司推出的 Quanser QUBE-Servo 2 实验系统是具有高度集成性能的一种旋转伺服系统，如图Ⅱ.1 所示，可用于经典伺服控制实验和倒立摆相关实验。QUBE-Servo 2 具有两种接口版本：QFLEX 2 USB 接口和 QFLEX 2 SPI 接口。前者可通过 USB 连接计算机进行控制，后者可通过连接微控制器进行控制。两种版本系统的驱动器均为 18V 直流电动机，该电动机由集成电流传感器的内嵌 PWM 放大器驱动。系统另附负载圆盘和旋转摆两个模块，可以通过安装在 QUBE-Servo 2 模块连接器上的磁铁很方便地进行连接和替换。系统利用单端旋转编码器测量直流电动机和摆的角度，并通过集成转速表检测电动机的角速度。详细的硬件系统元件介绍及安装步骤见附录。

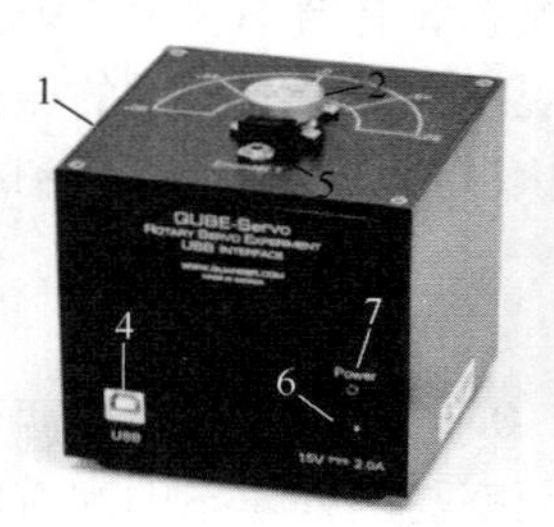

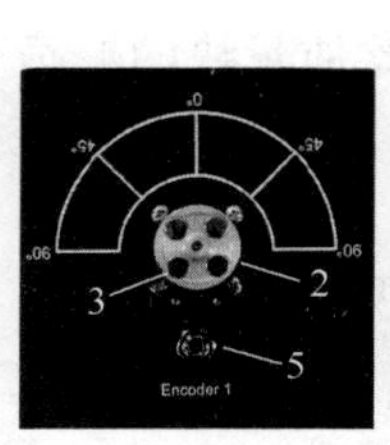

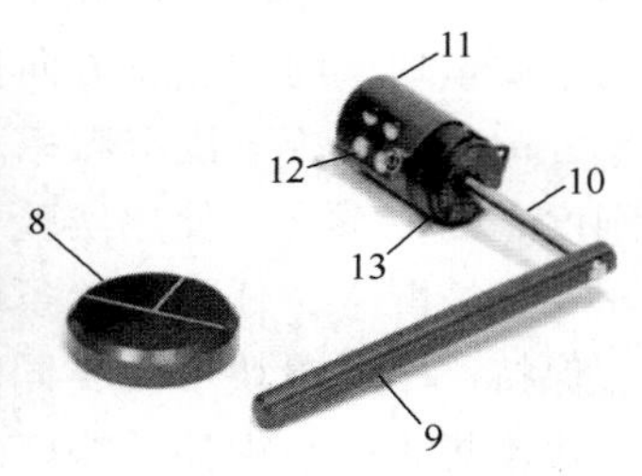

图Ⅱ.1　Quanser QUBE-Servo 2 实验装置

1—铝合金底板　2—模块连接器　3—模块连接磁铁　4—USB 接口　5—编码器接口　6—电源接口　7—电源 LED 指示灯　8—负载圆盘　9—摆杆　10—旋转臂　11—旋转臂中心　12—旋转摆磁铁　13—摆编码器　14—直流电动机　15—电动机编码器　16—QUBE-Servo 放大器电路板

Ⅱ.2　实验软件系统

Ⅱ.2.1　MATLAB 介绍

MATLAB 语言起源于矩阵运算，并已发展成为一种具有广泛应用前景的、全新的计算机高级编程语言。MATLAB 可进行矩阵运算、绘制函数和数据、实现算法、创建用户界面、连接其他编程程序等功能，为控制系统的设计与仿真提供了强有力的工具。

MATLAB 系统由以下五个部分构成：

1. 开发环境

此部分是一套方便用户使用的 MATLAB 函数和文件工具集，其中许多工具是图形化用户接口。它是一个集成的用户工作空间，允许用户输入输出数据，并提供了 M 文件的集成编译和调试环境，包括 MATLAB 桌面、命令窗口、M 文件编辑调试器、MATLAB 工作空间和在线帮助文档。

2. 数学函数库

这部分主要包括大量的算法，从诸如求和、正弦、余弦的基本算法，到诸如矩阵求逆、快速傅里叶变换的复杂算法。

3. 软件语言

MATLAB 语言是一种高级的基于矩阵/数组的语言，具有语言简洁紧凑、语法限制不严、程序设计自由度大、可移植性好的特点。基于 MATLAB 语言能够方便快捷地建立起简单且快速运行的程序，也能建立复杂程序。

4. 图形处理系统

图形处理系统使得 MATLAB 能方便地图形化显示向量和矩阵，而且能对图形添加标注和打印，主要包括强大的二维三维图形函数、图像处理和动画显示等函数。

5. 应用程序接口

MATLAB 应用程序接口（API）是一个使 MATLAB 语言能与 C、Fortran 等其他高级编程语言进行交互的函数库。该函数库的函数通过调用动态链接库（DLL）实现与 MATLAB 文件的数据交换，其主要功能包括在 MATLAB 中调用 C 和 Fortran 程序，以及在 MATLAB 与其他应用程序间建立客户、服务器关系。

Ⅱ.2.2　Simulink 介绍

Simulink 是基于 Matlab 的框图设计环境，可用来对各种动态系统进行建模、分析和仿真，建模范围广泛，可针对任何能确立各组件之间数学关系的系统进行建模。该软件提供了一个图形用户界面（GUI），以框图形式构建模型，其中包括用于构建模型的模块综合库以及用于创建或导入自定义模块的工具。Simulink 具有适应面广、结构流程清晰、效率高等优点，被广泛应用于控制理论和数字信号处理的复杂仿真与设计中。

Ⅱ.2.3　QUARC 介绍

QUARC 是 Quanser 产品中一个实时快速控制的设计软件。QUARC 与 Simulink 无缝集成，使 Simulink 模块能够在各种硬件对象上实时运行。从本质上讲，QUARC 促进了 Simulink 模型的创建，让这些模型能够在 PC 上和 PC 之外实时运行。

实验 5　系统集成实验

实验开始前需要熟悉 QUBE-Servo 2 使用手册且掌握 Simulink 基础建模，在完成 QUBE-Servo 2 的安装与测试并将负载圆盘安装于 QUBE-Servo 2 上之后，方可开展以下实验。

5.1　实验目的

1）通过本实验熟悉 Quanser QUBE-Servo 2 旋转伺服实验系统。

2）通过本实验实现 QUARC 与 QUBE-Servo 2 系统的交互。

3）通过本实验掌握 QUARC 控制器中传感器的标定方法。

5.2　实验原理

1. QUARC 软件

QUARC 软件和 Simulink 一起用于与 QUBE-Servo 2 系统的硬件交互，即通过 QUARC 编程实现直流电动机的驱动以及负载圆盘角度的读取（在 MATLAB 中，键入命令“doc quarc”，可访问 QUARC 文档和实例），基本步骤如下：

1）利用 QUARC Targets 库中的模块，创建一个 Simulink 模型，实现与已安装数据采集设备的交互。

2）编译实时代码。

3）执行代码。

2. 直流电动机

如 QUBE-Servo 2 用户手册所述，QUBE-Servo 2 中包含一台有刷直流电动机，并与 PWM 放大器相连。

3. 编码器

常用的编码器如图 5.1 所示，与旋转电位器相似，编码器也能够测量角度。但编码器测量的角度是相对值，该值依赖于前一位置和前一次通电时间。

编码器内有一编码盘，其上有很多径向光栅，该盘与直流电机轴相连。当轴转动时，LED 光束穿过光栅，被光电传感器接收，生成信号 A 和信号 B，如图 5.2 所示。该编码盘每旋转一圈，将触发一个可用于标定或系统归零的脉冲信号。

图 5.1　US Digital 光电增量式旋转编码器

电动机轴旋转时生成的信号 A 和信号 B 将通过解码算法生成计数值，编码器的分辨率取决于码盘和编码，例如，一只 512 线的编码器可在编码器轴旋转一周过程中生成 512 个计数值。对于如图 5.2 所示的光电增量式编码器，在相同的线数下，每转计数值（即其分辨率）为 2048。这可以用 A、B 两路信号之间的相位差来解释：与一条脉冲波形的开/关不同，现在可在每个脉冲周期内，得到两条脉冲波形的多种开/关状态。由于顺时针和逆时针旋转过程中，此开/关状态出现的顺序不同，该相位差可用于检测电动机轴旋转的方向。

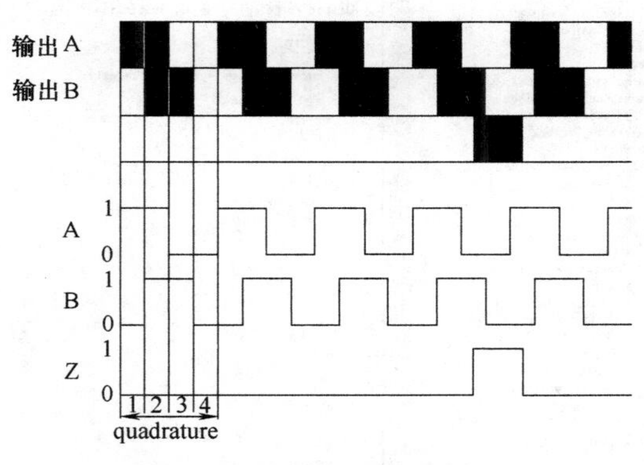

图 5.2　光电增量式编码器信号

5.3　实验步骤

本实验将使用 QUARC 模块创建如图 5.3 所示的 Simulink 模型，以驱动直流电动机，并测量其转角。

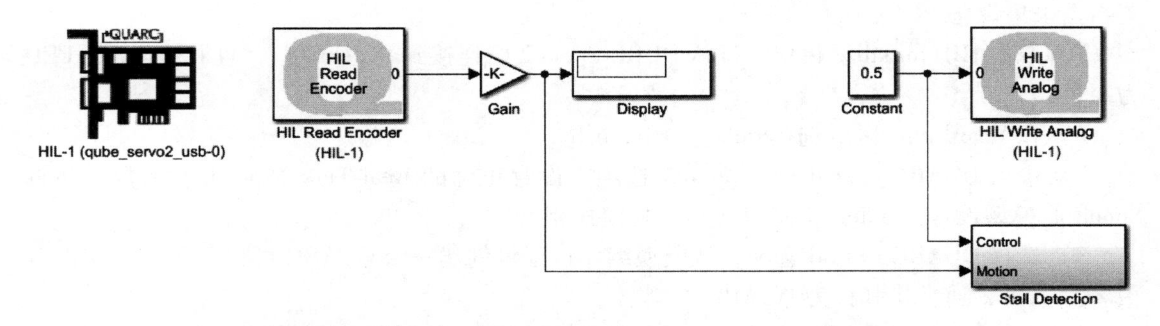

图 5.3　驱动电动机并检测 QUBE-Servo 2 转角的 Simulink 模型

5.3.1　为 QUBE-Servo 2 配置 Simulink 模型

QUBE-Servo 2 系统集成实验步骤介绍视频

利用 QUARC 创建 Simulink 模型，以实现与 QUBE-Servo 2 的连接，步骤如下：

1）运行 MATLAB，创建一个新的 Simulink 框图。

2）通过单击 Simulink 菜单栏中的 View | Library Browser 项目或单击 Simulink 图标，打开 Simulink Library Browser 窗口。

3）展开 QUARC Targets 项目，进入 Data Acquisition | Generic | Configuration 文件夹，如图 5.4 所示。

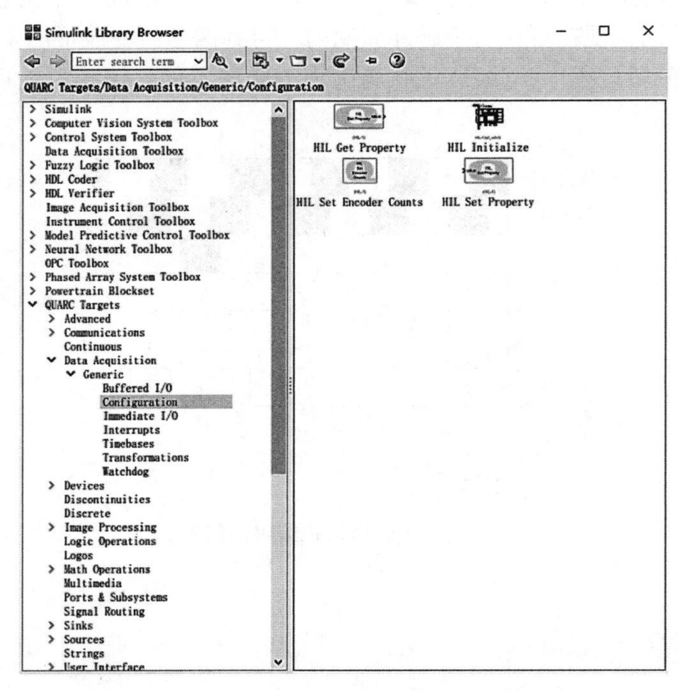

图 5.4　Simulink Library Browser 中的 QUARC Targets

4）从库窗口中选取并拖动 HIL Initialize 模块到空白的 Simulink 模型中，该模块用于配置数据采集设备。

5）双击 HIL Initialize 模块，确认 QUBE-Servo 2 已连接到 PC USB 口，且 USB Power LED 为绿色。

6）在 Board type 区域选择 qube_servo2_usb。

7）进入 QUARC | Set default options 选项，设置正确的 Real-Time Workshop 参数，并将 Simulink 模型设置为 external 使用（与仿真模式相反）。

8）选择 QUARC | Build 选项，该模型编译过程将创建一个 QUARC 可执行文件（文件后缀名为 exe），通常将其称为 QUARC 控制器。

9）运行 QUARC 控制器：进入 Simulink 模型的工具栏，如图 5.5 所示，单击 Connect to target 图标，然后单击 Run 图标，也可进入 QUARC | Start 运行代码，此时 QUBE-Servo 2（或 DAQ 板卡）上的 LED 灯应闪烁。

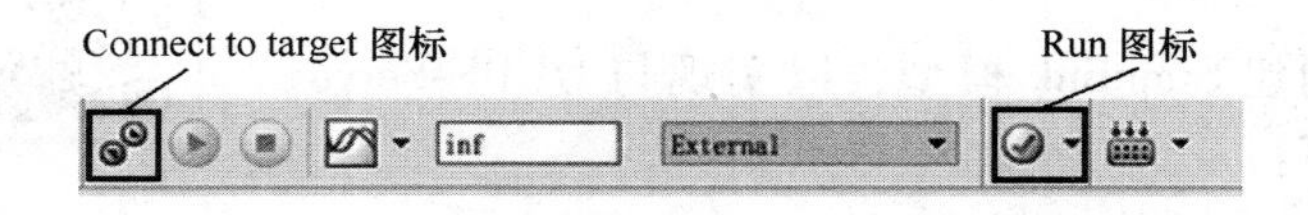

图 5.5　Simulink 模型工具栏：连接到目标和编译

10）如果运行该 QUARC 控制器时没有出任何错误，便可单击工具条上的 Stop 按钮（或通过 QUARC | Stop）终止程序的运行。

5.3.2　编码器读取

依次按照下面的具体步骤，读取编码器的值：

1）使用 5.3.1 节的步骤中为 QUBE-Servo 2 配置的 Simulink 模型，在 Library Browser 中选择 QUARC Targets | Data Acquisition | Generic | Timebases 类，增加 HIL Read Encoder Timebase 模块。

2）将增益（Gain）和显示（Display）模块与 HIL Read Encoder 相连，与图 5.3 所示相似（暂时不需要 HIL Write Analog 模块），在 Library Browser 中，可分别从 Simulink | Sinks 和 Simulink | Math Operations 中找到显示和增益模块。

3）编译 QUARC 控制器，因已修改 Simulink 框图，可执行代码需重新生成。

4）运行 QUARC 控制器。

5）前后旋转圆盘，Display 模块上会显示出从编码器测量到的计数值，编码器的计数值与圆盘的转角成正比。

6）观察每次运行该 QUARC 控制器时编码器数值的变化，终止该 QUARC 控制器，转动圆盘，再重新启动，并观察编码器的测量结果。

7）圆盘完整旋转一周，测量编码器输出的脉冲，验证其与 QUBE-Servo 2 用户手册给出的值相同。

8）由于希望以度为单位显示圆盘角度，而不是以计数值的形式，所以给 Gain 模块设置一个值，以实现计数值向角度的转换，该值称为传感器增益（sensor gain），运行该 QUARC 控制器，确保数字指示器正确地显示圆盘的转角。

5.3.3　驱动直流电动机

1）从 Data Acquisition | Generic | Immediate I/O 类里选择 HIL Write Analog 模块，添加到 Simulink 框图中。该模块用于从数据采集设备的 0 号模拟输出通道输出一个信号，并与驱动直流电动机的集成 PWM 放大器相连。

2）从 Simulink | Source 文件夹中选择常数（Constant）模块，添加到 Simulink 模型中，连接 HIL Write Analog 模块和常数模块，如图 5.3 所示。

建议在图 5.3 和图 5.6 中加入 Stall Monitor 模块，该模块是 Stall Detection 模块的一部分，将监测直流电动机的电压和转速，以判断其是否堵转。如果电动机在施加电压超过±5V 的情况下静止超过 20s，将暂停模拟，以免由于过热或潜在危险损坏 QUBE-Servo 2 电机。

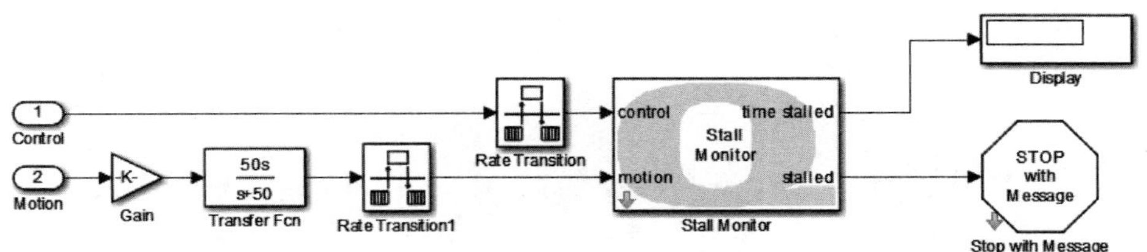

图 5.6　堵转监测子系统

3）编译并运行 QUARC 控制器。

4）将 Constant 模块参数设置为 0.5，这将给 QUBE-Servo 2 装置中的直流电动机施加 0.5V 电压。在给电动机施加正电压的情况下，确保得到的转角测量值为正。最终，当施加正输入电压时，判断圆盘的旋转方向（顺时针或逆时针）。

5）停止 QUARC 控制器。

6）关闭 QUBE-Servo 2 设备电源。

5.4　实验报告

5.4.1　实验基本信息

表 5.1　实验基本信息

实验名称	实验日期	实验老师	实验小组成员

5.4.2　实验数据及计算过程

（1）在 5.3.2 节的实验步骤 6）中，每次运行 QUARC 控制器时编码器数值有何变化？重新启动控制器时编码器的测量结果有何变化？

（2）在 5.3.2 节的实验步骤 7）中，圆盘完整旋转一周后编码器输出脉冲是多少？解释确定该脉冲值的过程，其与 QUBE-Servo 2 用户手册给出的值是否相同。

（3）在 5. 3. 3 节的实验步骤 4）中，当施加正电压时圆盘顺时针还是逆时针旋转？解释其原因。

实验6　滤波实验

6.1　实验目的

1）通过本实验掌握使用编码器测量伺服系统转速的方法。

2）通过本实验掌握低通滤波器的使用方法。

6.2　实验原理

低通滤波器可用于阻断信号中的高频成分，一阶低通滤波器传递函数为

$$G(s)=\frac{\omega_b}{s+\omega_b} \tag{6.1}$$

其中，ω_b 为滤波器的截止频率（rad/s），信号中所有高频成分至少衰减 3dB（约为 50%）。

6.3　实验步骤

基于实验 5 QUBE-Servo 2 系统集成实验，设计一个能通过编码器测量伺服系统转速的模型，如图 6.1 所示。具体实验步骤如下：

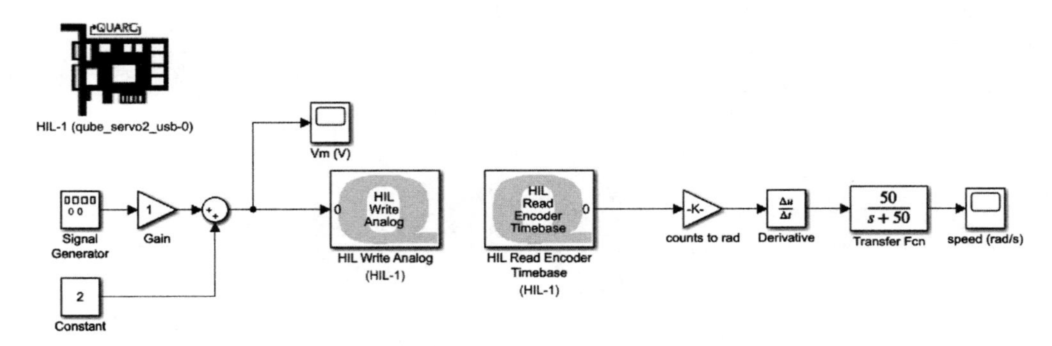

图 6.1　使用编码器测量伺服系统速度的 Simulink 模型

1）采用 QUBE-Servo 2 集成实验中开发的模型，改变编码器标定时采用的增益，使其输出转速单位为 rad（而不是角度），确定选用的增益值。

2）创建图 6.1 所示 Simulink 框图（不要加入传递函数模块，之后再加入），其中 Derivative 模块是将一个微分模块连接到编码器标定增益之后，使其可通过编码器测量输出转速，

Scope 模块是将微分模块的输出显示到示波器上。

3）设置信号源模块，使其输出一个如图 6.2a 所示峰值为 3V 的阶跃电压，频率为 0.4Hz。

4）编译并运行 QUARC 控制器，检查编码器的速度响应并附上响应样本，获得的响应曲线如图 6.2 所示。

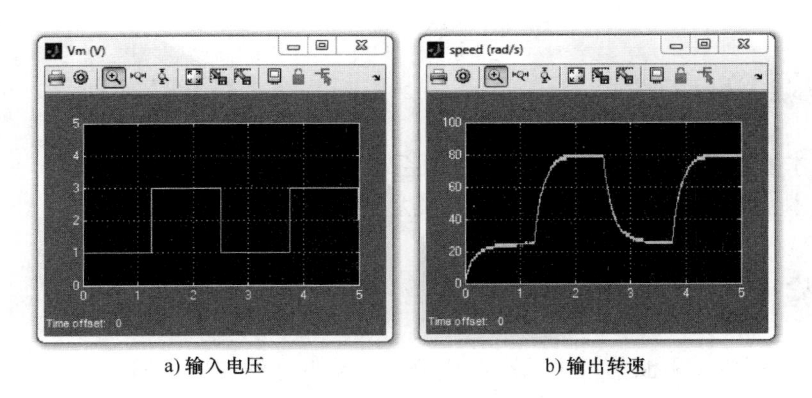

a) 输入电压　　b) 输出转速

图 6.2　使用编码器测量伺服系统速度

5）在微分输出端加入低通滤波器（LPF）可有效去掉高频成分。从 Simulink | Continuous Simulink 库中选择传递函数（Transfer Fcn）模块，添加到微分模块之后，并将 LPF 连接到示波器，将 Transfer Fcn（传递函数）模块设置为 $50/(s+50)$，如图 6.1 所示。

6）编译并运行该 QUARC 控制器，将电动机电压和经滤波的速度响应结果绘制出来，观察是否有改进。

7）在 10～200rad/s（或 1.6～32Hz）的范围内改变截止频率 ω_b，分析对滤波结果的影响。

8）停止 QUARC 控制器。

9）关闭 QUBE-Servo 2 电源。

6.4 实验报告

6.4.1 实验基本信息

表 6.1 实验基本信息

实验名称	实验日期	实验老师	实验小组成员

6.4.2 实验数据及计算过程

（1）分析实验步骤 4）中，通过编码器测量得到的结果有噪声的原因。如果使用新的 Scope 模块测量编码器的位置响应信号，并将其放大，该信号将作为后面微分模块的输入，请问该信号是否连续？

（2）求传递函数为 50/(s+50) 的低通滤波器的截止频率（分别以 rad/s 和 Hz 为单位）。

（3）在实验步骤 7）中，改变截止频率对滤波结果有什么影响？分析增大或减小该参数的利弊。

实验 7　伺服电动机系统建模与验证

7.1　实验目的

1）通过本实验掌握建立直流旋转伺服电动机运动方程的方法。

2）通过本实验掌握创建及验证系统 Simulink 模型的方法。

7.2　实验原理

Quanser QUBE-Servo 2 为直驱旋转伺服系统，其电动机转子电路如图 7.1 所示，电气和机械参数列于表 7.1。直流电动机轴与模块连接器相连，该模块连接器为一金属盘，便于安装负载圆盘或倒立摆，其转动惯量为 J_h。负载圆盘与输出轴相连，其转动惯量为 J_d。

表 7.1　QUBE-Servo 2 系统电气和机械参数

实验装置	符　号	类　型	数　值
直流电动机	R_m	电动机电阻	8.4Ω
	k_t	电流-转矩常数	0.042N·m/A
	k_m	电动机反电势常数	0.042V/(rad/s)
	J_m	转子转动惯量	4.0×10^{-6}kg·m^2
	L_m	转子电感	1.16mH
	m_h	模块连接器质量	0.0106kg
	r_h	模块连接器半径	0.0111m
	J_h	模块连接器转动惯量	0.6×10^{-6}kg·m^2
负载圆盘	m_d	负载圆盘质量	0.053kg
	r_d	负载圆盘半径	0.0248m

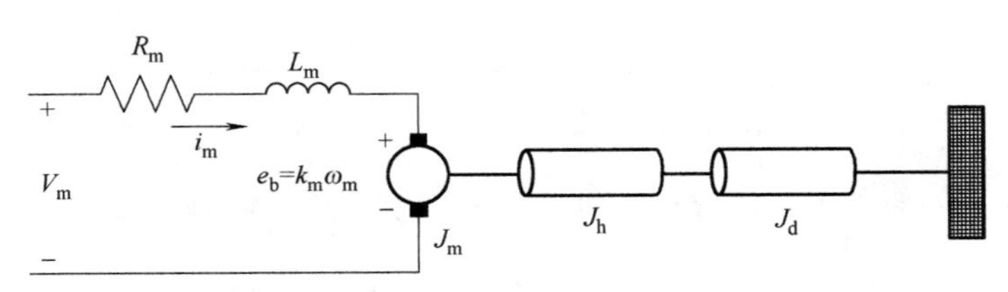

图 7.1　QUBE-Servo 2 系统电动机转子电路

反向电动势$e_b(t)$ 取决于电动机轴的转速ω_m和电动机的反电势常数k_m，其方向与电流方

向相反，大小为

$$e_b(t)=k_m\omega_m(t) \tag{7.1}$$

由基尔霍夫定律可得

$$v_m(t)-R_m i_m(t)-L_m\frac{di_m(t)}{dt}-k_m\omega_m(t)=0 \tag{7.2}$$

因电动机电感L_m远小于其电阻，则忽略电感，方程（7.2）可简化为

$$v_m(t)-R_m i_m(t)-k_m\omega_m(t)=0 \tag{7.3}$$

可得电动机电流为

$$i_m(t)=\frac{v_m(t)-k_m\omega_m(t)}{R_m} \tag{7.4}$$

电动机轴的动力学方程为

$$J_{eq}\omega_m(t)=\tau_m(t) \tag{7.5}$$

其中，J_{eq}为作用在电动机轴上的总等效转动惯量，τ_m为直流电动机输出转矩，根据电流得到其转矩为

$$\tau_m(t)=k_m i_m(t) \tag{7.6}$$

负载圆盘质量为m_d，半径为r_d，则绕其回转轴的转动惯量为

$$J_d=\frac{1}{2}m_d r_d^2 \tag{7.7}$$

7.3 实验步骤

根据 QUBE-Servo 2 集成与滤波实验，重新设计模型。其中，输入电压为幅值 1~3V、频率 0.4Hz 的方波信号，通过编码器读取伺服系统转速，如图 7.2 所示。

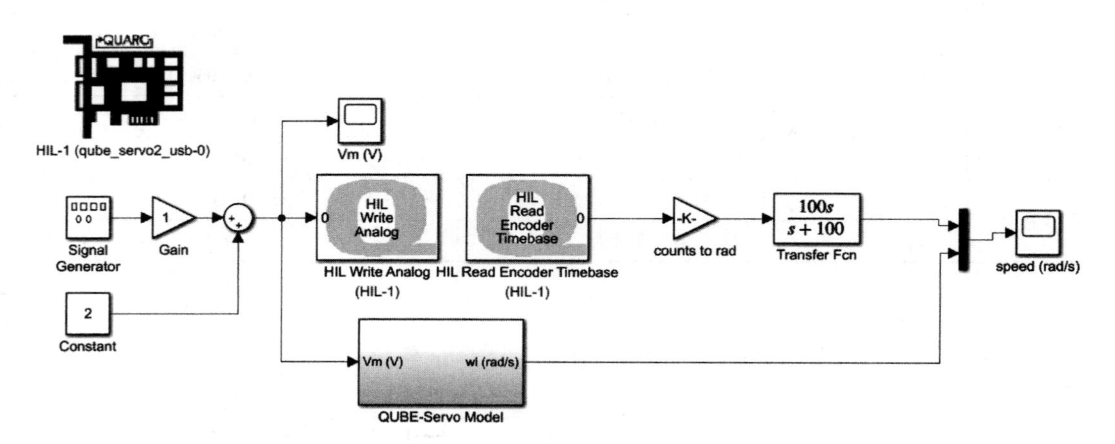

图 7.2　测量及仿真 QUBE-Servo 2 转速的 Simulink 模型

创建一个子系统，命名为 QUBE-Servo 2 Model，如图 7.3 所示，其中包含对 QUBE-Servo 2 系统的建模。采用 7.2 给出的方程，在 Simulink 中搭建一个简单的系统模块图。该建模过程需要若干增益（Gain）模块、一个减法（Subtract）模块和一个积分（Integrator）模块（用

于由加速度得到速度)。图 7.3 中仅给出了该子系统的部分框图。

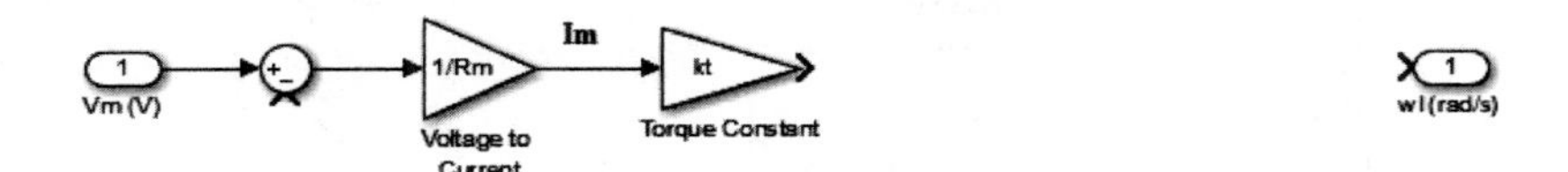

图 7.3 不完整的 QUBE-Servo 2 子系统模型

在 MATLAB 中，可通过编写 MATLAB 脚本实现对系统参数的设置。因此，可在增益(Gain)模块中使用符号代替实际的数值。如图 7.3 所示，使用 Rm 表示电机的电阻 R_m，使用 kt 表示电流-转矩常数 k_t。为了定义这些变量，可写如下脚本：

```
% Resistance
Rm=8.4;
% Current-torque(N-m/A)
kt=0.042;
```

具体实验步骤如下：

1）将 QUBE-Servo 2 的电动机轴与模块连接器和负载圆盘连接。根据表 7.1 给出的参数，计算施加到电动机轴上的总等效转动惯量 J_{eq}。

2）编写脚本，定义所需变量，设计完整的 QUBE-Servo 2 子系统模型。

3）编译并运行含有 QUBE-Servo 2 模型的 QUARC 控制器。

4）停止 QUARC 控制器。

5）关闭 QUBE-Servo 2 电源。

7.4 实验报告

7.4.1 实验基本信息

表 7.2 实验基本信息

实 验 名 称	实 验 日 期	实 验 老 师	实验小组成员

7.4.2 实验数据及计算过程

（1）简述实验步骤 1）中，施加到电动机轴上的总等效转动惯量 J_{eq} 的计算过程。

（2）将实验步骤 2）中的模型和 MATLAB 脚本（如果使用的话）截屏并粘贴到下方空白处。

（3）将实验步骤3）的仿真图截屏并粘贴到下方空白处。

7.4.3 实验结果分析

实验模型是否可以很好地表示 QUBE-Servo 2 系统？原因是什么？

实验8 一阶系统参数辨识

8.1 实验目的

1）通过本实验掌握通过阶跃响应测定 QUBE-Servo 2 系统参数 K、τ 的方法。

2）通过本实验学习验证模型的方法。

8.2 实验原理

控制系统在阶跃输入信号的作用下，输出量随时间变化的函数关系称为系统的阶跃响应。某一阶系统传递函数为

$$\frac{Y(s)}{U(s)}=\frac{K}{\tau s+1} \tag{8.1}$$

设阶跃输入信号如图 8.1a 所示，其中 $K=5\text{rad}/(\text{V}\cdot\text{s})$，该系统的阶跃响应如图 8.1b 所示，且 $\tau=0.05\text{s}$。

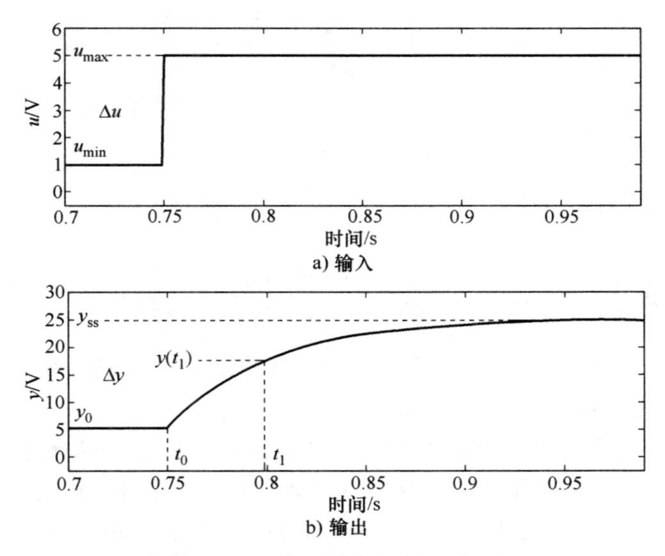

图 8.1 阶跃输入信号及其响应曲线

阶跃输入初始时间是t_0，输入信号具有最小值u_{min}和最大值u_{max}，输出信号的初始值为y_0。施加阶跃信号后，输出将试图跟踪该值，最终稳定于稳态值y_{ss}。由输出与输入信号可得稳态增益为

$$K=\frac{\Delta y}{\Delta u} \tag{8.2}$$

其中，$\Delta y=y_{ss}-y_0$，$\Delta u=u_{max}-u_{min}$。系统的时间常数 τ 定义为，从阶跃信号作用开始到输出为稳态值的63.2%为止所经历的时间。因此，图8.1b中 $y(t_1)$ 为

$$y(t_1)=0.632\Delta y+y_0 \tag{8.3}$$

其中

$$t_1=t_0+\tau \tag{8.4}$$

即

$$\tau=t_1-t_0 \tag{8.5}$$

因此，可用实验方法测定时间常数 τ。

对于QUBE-Servo 2系统来说，含有延迟时间t_0的阶跃输入电压的频域表达式为

$$V_m=\frac{A_v e^{(-st_0)}}{s} \tag{8.6}$$

其中，A_v为阶跃振幅，t_0为阶跃时间（即延迟时间）。

以电动机电压为输入，负载转速为输出传递函数为

$$\frac{\Omega_m(s)}{V_m(s)}=\frac{K}{\tau s+1} \tag{8.7}$$

其中，K为系统的稳态增益，τ为系统的时间常数，$\Omega_m(s)=L[\omega_m(t)]$ 为负载转速，$V_m(s)=L[v_m(t)]$为电动机电压。

将输入式（8.6）代入传递函数式（8.7），可得

$$\Omega_m(s)=\frac{KA_v e^{(-st_0)}}{s(\tau s+1)} \tag{8.8}$$

对式（8.8）进行拉氏反变换，得QUBE-Servo 2在时域$\omega_m(t)$内的电动机转速阶跃响应为

$$\omega_m(t)=KA_v\left[1-e^{\left(-\frac{t-t_0}{\tau}\right)}\right]+\omega_m(t_0) \tag{8.9}$$

记初始条件为$\omega_m(0^-)=\omega_m(t_0)$。

8.3 实验步骤

根据QUBE-Servo 2集成与滤波实验，重新设计模型。给电动机施加2V阶跃信号（电压），同时利用编码器读取伺服转速，如图8.2所示。

为了使阶跃信号施加到某给定长度时间（如2.5s），将Simulink模型中的Simulation stop time设置为该给定时长。利用保存的系统响应，结合本实验原理，即可得到模型参数。关于如何在MATLAB中保存数据以进行离线分析，请参考QUARC帮助文档（QUARC Targets | User's Guide | QUARC Basics | Data Collection）。具体实验步骤如下：

1）运行该QUARC控制器，给系统施加2V阶跃电压。获得图8.3所示响应曲线。

2）编辑plot命令，在MATLAB figure中绘制响应曲线。例如，设置Scope，将测得的负载/转盘的速度和电动机电压保存到MATLAB工作空间，并设其变量名为data_wm和data_vm。其中，data_wm（:，1）为时间向量，data_wm（:，2）为测得的转速。

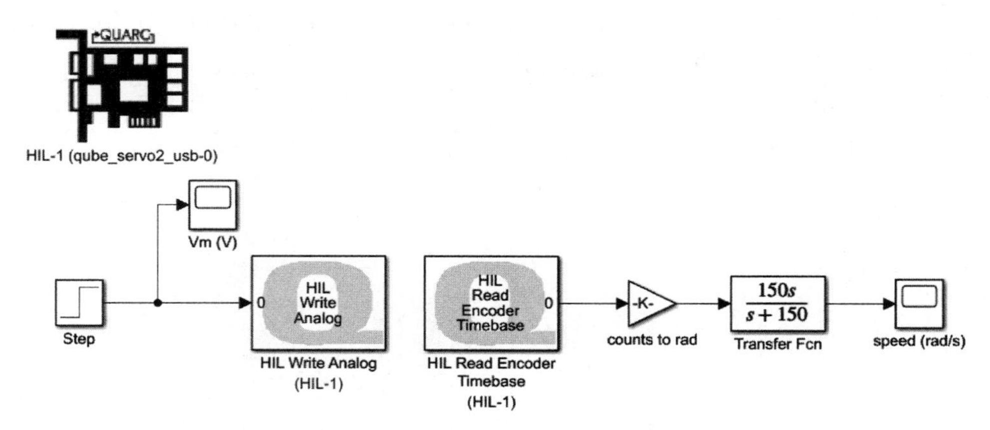

图 8.2　通过阶跃响应测量负载转速的 Simulink 模型

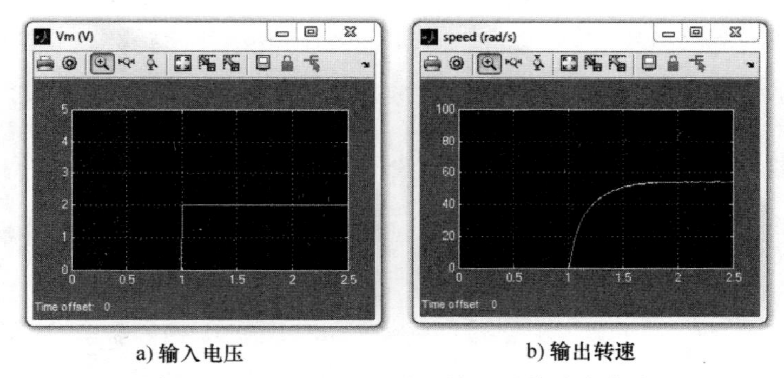

图 8.3　QUBE-Servo 2 阶跃输入及其响应曲线

3）利用所测阶跃响应得到稳态增益（提示：利用 MATLAB 中的 ginput 命令测量曲线外的点）。

4）利用所测阶跃响应得到时间常数。

5）为验证所得模型参数 K 和 τ 是否正确，需要改变 Simulink 框图，使其包含式（8.1）中的一阶传递函数（Transfer Fcn）模块，如图 8.4 所示。

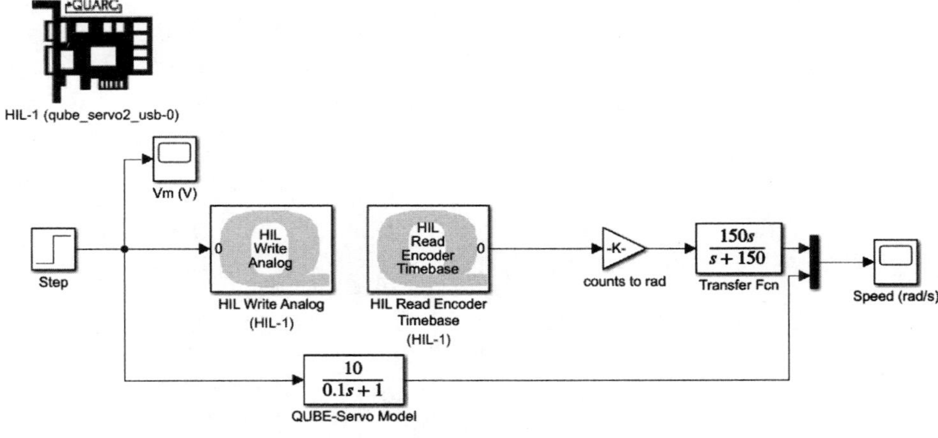

图 8.4　验证模型的 Simulink 框图

6）使用 Mux 模块（见 Signal Routing 类），将 QUBE-Servo 2 实测和仿真响应曲线显示于同一个图中，编译并运行该 QUARC 控制器。

7）停止 QUARC 控制器。

8）关闭 QUBE-Servo 2 电源。

8.4　实验报告

8.4.1　实验基本信息

表 8.1　实验基本信息

实验名称	实验日期	实验老师	实验小组成员

8.4.2　实验数据及计算过程

（1）将实验步骤 2）中的命令行及 Figure 响应曲线图粘贴到下方空白处。

（2）简述实验步骤 3）中稳态增益的计算过程。

（3）简述实验步骤 4）中时间常数的计算过程。

（4）将实验步骤6）中同时显示实测、仿真响应曲线的 MATLAB 图和输入电压曲线图粘贴在下方。

8.4.3 实验结果分析

由实测、仿真响应曲线图分析推导得到的模型参数 K 和 τ 正确吗？列出判断依据。

实验 9　二阶系统的阶跃响应

9.1　实验目的

1）掌握通过本实验获得二阶欠阻尼系统阶跃响应的方法。

2）通过本实验掌握二阶系统阻尼比和无阻尼自然频率的计算方法。

3）通过本实验掌握二阶系统峰值时间和最大百分比超调量的计算方法。

9.2　实验原理

9.2.1　二阶系统阶跃响应

二阶系统传递函数通式为

$$\frac{Y(s)}{X(s)}=\frac{\omega_n^2}{s^2+2\zeta\omega_n s+\omega_n^2} \tag{9.1}$$

其中，ω_n为无阻尼自然频率，ζ为阻尼比。系统响应特性取决于ω_n和ζ的值。

令系统的输入信号为阶跃信号 $x(t)=R_0$，则

$$X(s)=\frac{R_0}{s} \tag{9.2}$$

当幅值R_0为 1.5 时，系统响应曲线如图 9.1 所示，其中 $x(t)$ 为阶跃输入信号，$y(t)$ 为系统响应曲线。

9.2.2　峰值时间和超调量

如图 9.1 所示，响应的最大值由变量y_{max}表示，对应时间为t_{max}，最大百分比超调量 PO 为

$$PO=\frac{y_{max}-R_0}{R_0}\times100\% \tag{9.3}$$

最大百分比超调量仅与阻尼比有关，其计算公式为

$$PO=e^{-\frac{\zeta\pi}{\sqrt{1-\zeta^2}}}\times100\% \tag{9.4}$$

响应曲线第一次到达最大值y_{max}所经历的时间称为峰值时间t_p，则由图 9.1 可知

$$t_p=t_{max}-t_0 \tag{9.5}$$

而峰值时间与阻尼比和无阻尼自然频率有关，其理论计算公式为

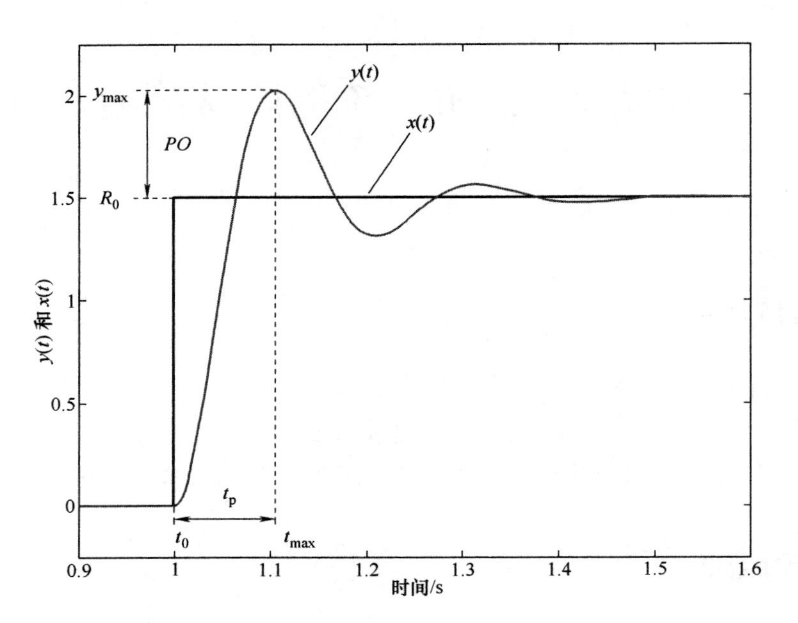

图 9.1　二阶系统阶跃响应

$$t_p = \frac{\pi}{\omega_n \sqrt{1-\zeta^2}} \tag{9.6}$$

由式（9.3）和式（9.4）可得最大值y_{max}与阻尼比 ζ 的关系式，由式（9.5）和式（9.6）可得t_{max}与阻尼比 ζ 和无阻尼自然频率ω_n的关系式，根据这一特点，可用本实验方法测定二阶系统的阻尼比和无阻尼自然频率。

9.2.3　单位负反馈

通常来说，QUBE-Servo 2 系统的位移控制由单位负反馈实现，如图 9.2 所示。

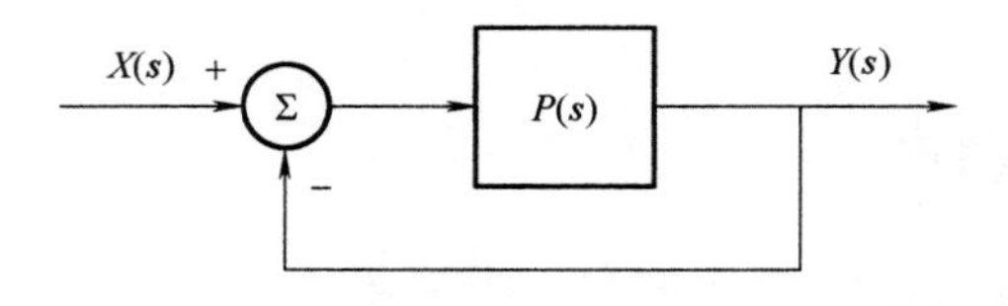

图 9.2　单位负反馈

以电动机电压$v_m(t)$ 为输入，以电动机的角位移$\theta_m(t)$ 为输出的 QUBE-Servo 2 位置控制闭环传递函数为

$$P(s) = \frac{\Theta_m(s)}{V_m(s)} = \frac{K}{s(\tau s+1)} = \frac{\frac{K}{\tau}}{s^2 + \frac{1}{\tau}s + \frac{K}{\tau}} \tag{9.7}$$

其中，$K=23.0\text{rad}/(\text{V}\cdot\text{s})$ 为稳态增益，$\tau=0.13\text{s}$ 为时间常数（由实验 8 得到），

$\Theta_m(s)=L[\theta_m(t)]$ 为电动机/圆盘角位移的拉氏变换，$V_m(s)=L[v_m(t)]$ 为电动机电压的拉氏变换。

9.3　实验步骤

基于 QUBE-Servo 2 集成和滤波实验，设计如图 9.3 所示 Simulink 模型。在 Simulink 中执行图 9.2 所示的单位负反馈控制，在 1s 时施加幅值为 1rad 的阶跃输入信号，并运行 2.5s。具体实验步骤如下：

1）已知单位反馈下的 QUBE-Servo 2 闭环方程（9.7）和模型参数，求系统的无阻尼自然频率ω_n和阻尼比 ζ。

2）根据步骤 1 得到的ω_n和 ζ，求最大百分比超调量 PO 和峰值时间t_p。

3）编译并运行该 QUARC 控制器，所得响应如图 9.4 所示。

4）停止 QUARC 控制器。

5）关闭 QUBE-Servo 2 电源。

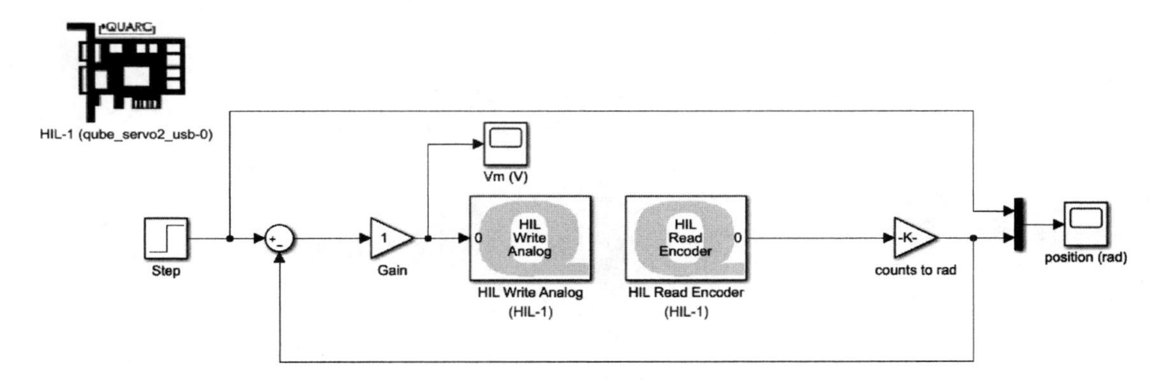

图 9.3　QUBE-Servo 2 单位负反馈位移控制的 Simulink 模型

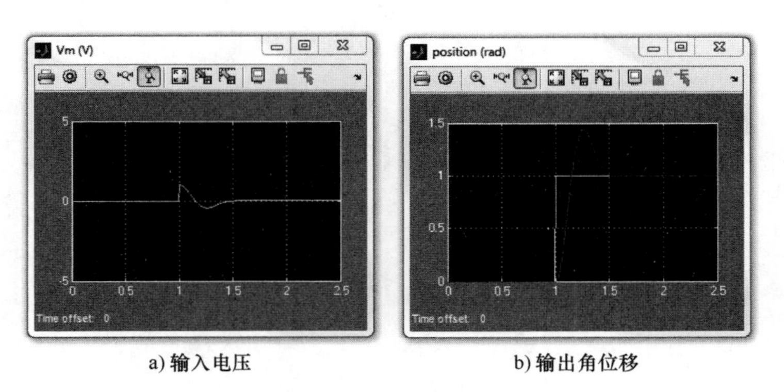

a) 输入电压　　b) 输出角位移

图 9.4　QUBE-Servo 2 单位负反馈阶跃输入及其响应

9.4　实验报告

9.4.1　实验基本信息

表 9.1　实验基本信息

实 验 名 称	实 验 日 期	实 验 老 师	实验小组成员

9.4.2　实验数据及计算过程

（1）简述实验步骤 1）中无阻尼自然频率ω_n和阻尼比 ζ 的计算过程。

（2）简述实验步骤 2）中最大百分比超调量 PO 和峰值时间t_p的计算过程。

（3）在下方空白处附上 QUBE-Servo 2 的位移响应曲线（将给定点和所测位置附在一张图上），以及电动机电压曲线。（提示：可使用 MATLAB 提供的 plot 命令生成所需的 MATLAB 图。）

（4）从响应曲线中测量最大百分比超调量 PO 和峰值时间t_p，并与实验步骤 2）中计算得到的理论值进行比较。（提示：使用 MATLAB 中的 ginput 命令测量曲线外的点。）

9.4.3 实验结果分析

依据最大百分比超调量 PO 和峰值时间t_p的实测值与理论值的比较结果，分析是否能通过二阶系统的阶跃响应对该系统的参数 K 和 τ 进行辨识？

实验10　PD控制

10.1　实验目的

1）通过本实验掌握运用比例-微分（PD）调节器控制系统角位移的方法。

2）通过本实验掌握根据峰值时间和最大百分比超调量的设计要求设计调节器的方法。

10.2　实验原理

由实验9得到的QUBE-Servo 2电压-角位移传递函数为

$$P(s)=\frac{\Theta_m(s)}{V_m(s)}=\frac{K}{s(\tau s+1)}$$

其中K=23 rad/(V·s) 为稳态增益，τ= 0.13s为时间常数（由实验8得到），$\Theta_m(s)=L[\theta_m(t)]$为电动机/圆盘角位移的拉氏变换，$V_m(s)=L[v_m(t)]$为电动机电压的拉氏变换。下面，使用如图10.1所示的比例-微分（PD）调节器实现对QUBE-Servo 2系统角位移的控制。

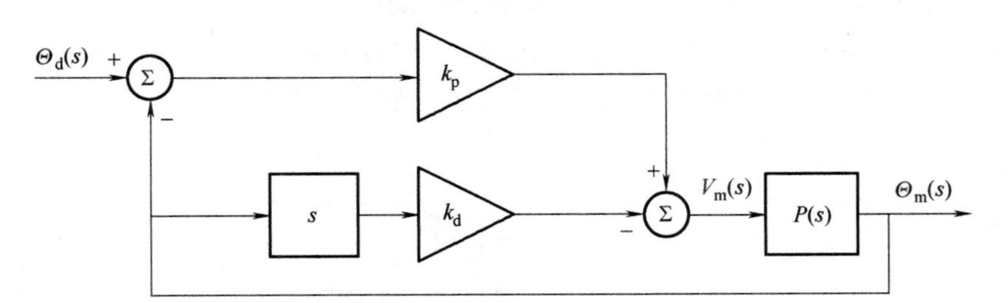

图10.1　PD控制系统框图

比例-微分（PD）控制的微分方程如下

$$v_m(t)=k_p[\theta_d(t)-\theta_m(t)]-k_d\dot{\theta}_m(t) \tag{10.1}$$

其中，k_p为比例增益，k_d为微分增益，$\theta_d(t)$为设定值或电动机/负载轴转角（rad），$\theta_m(t)$为测得的负载轴转角（rad），$v_m(t)$为输入电压（V）。

设所有初始状态为零，即$\theta_m(0^-)=0$，$\dot{\theta}_m(0^-)=0$，对式（10.1）进行拉氏变换可得

$$V_m(s)=k_p[\Theta_d(s)-\Theta_m(s)]-k_d s\,\Theta_m(s) \tag{10.2}$$

将式（10.2）代入式（9.7）可得

$$\Theta_m(s)=\frac{K}{s(\tau s+1)}\{k_p[\Theta_d(s)-\Theta_m(s)]-k_d s\,\Theta_m(s)\}$$

求解$\Theta_m(s)/\Theta_d(s)$，得到闭环传递函数如下：

$$\frac{\Theta_m(s)}{\Theta_d(s)}=\frac{K\cdot k_p}{\tau s^2+(1+K\cdot k_d)s+K\cdot k_p} \tag{10.3}$$

由式（10.3）可知，该PD控制系统是二阶系统。

10.3 实验步骤

基于QUBE-Servo 2集成实验、滤波实验、二阶系统阶跃响应实验，设计如图10.2所示Simulink模型。应用10.2的PD调节器，设置Signal Generator模块，使得输入（参考角）是一个幅值为0.5rad、频率为0.4Hz的方波信号。在Simulink模型中，还包含一个QUBE-Servo 2模型传递函数的PD闭环控制，根据式（9.7）可得相关电压$V_m(s)$和位置$\Theta_m(s)$。这里用到了实验原理部分提供的参数K和τ。具体步骤如下：

1）编译并运行该QUARC控制器，获得如图10.3所示响应曲线。

2）设置$k_p=2.5\text{V/rad}$，$k_d=0\text{V/(rad}\cdot\text{s}^{-1})$，令微分增益为0，$k_p$调节范围是1~4。

3）设置$k_p=2.5\text{V/rad}$不变，微分增益k_p的调节范围是0~0.15V/(rad/s)。

4）停止QUARC控制器。

5）通过令QUBE-Servo 2闭环传递函数方程（10.3）与二阶系统标准传递函数方程形式一致，将比例增益k_p和微分增益k_d表示为ω_n和ζ的函数。

6）对于峰值时间t_p为0.15s、最大百分比超调量PO为2.5%的系统响应，其无阻尼自然频率和阻尼比分别为$\omega_n=32.3\text{rad/s}$和$\zeta=0.76$，采用实验原理部分的QUBE-Servo 2模型参数K和τ（或自己通过参数辨识实验得到的参数），计算满足这些要求所需的控制增益。

7）在QUBE-Servo 2的PD调节器上应用新设计的增益值。

8）测量QUBE-Servo 2响应的最大百分比超调量PO和峰值时间t_p。（提示：使用MATLAB中的ginput命令测量曲线外的点以及二阶系统实验中的方程。）

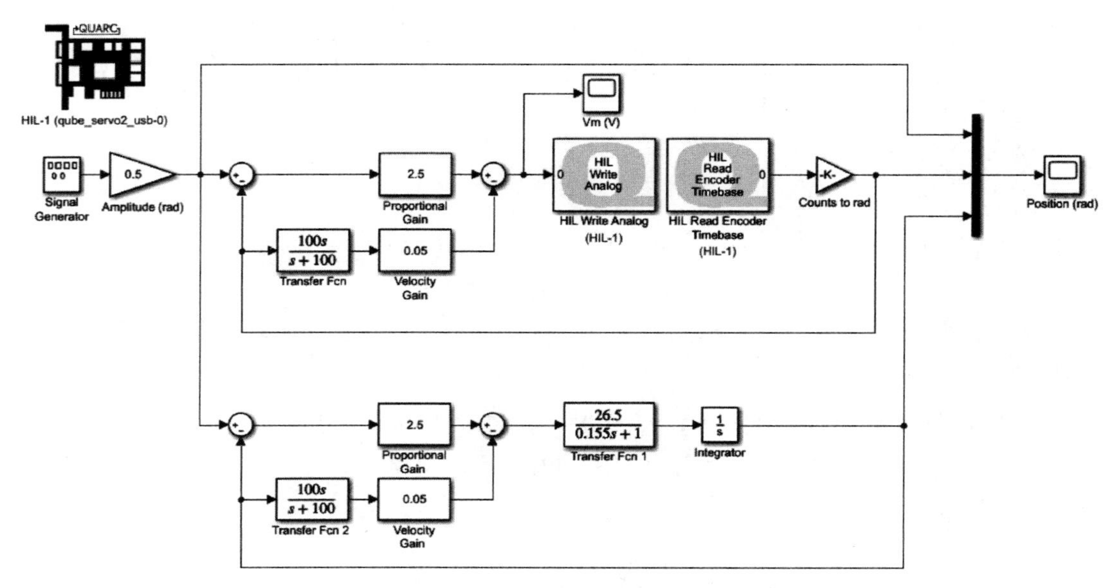

图10.2 QUBE-Servo 2的PD控制Simulink模型

9）如果响应不能与上述最大百分比超调量和峰值时间指标相匹配，则调节控制增益，直到满足它们为止。

10）停止 QUARC 控制器。

11）关闭 QUBE-Servo 2 电源。

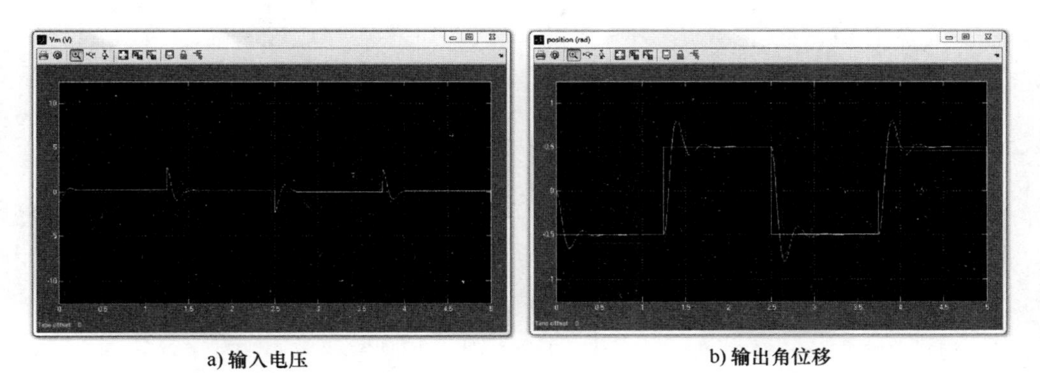

a) 输入电压　　b) 输出角位移

图 10.3　QUBE-Servo 2 PD 控制（$k_p = 2.5\text{V/rad}$，$k_d = 0.05\text{V/(rad/s)}$）

10.4　实验报告

10.4.1　实验基本信息

表 10.1　实验基本信息

实 验 名 称	实 验 日 期	实 验 老 师	实验小组成员

10.4.2　实验数据及计算过程

（1）简述实验步骤 5）中，求比例增益k_p和微分增益k_d表达式的过程。

（2）简述实验步骤 6）中，比例增益k_p和微分增益k_d的计算过程。

（3）将实验步骤 7）中获得的响应曲线和电动机电压曲线附于下方。

（4）列出实验步骤 8）中最大百分比超调量 PO 和峰值时间 t_p 的计算过程。在电动机非饱和情况（电压超出±10V）下，所测得的最大百分比超调量和峰值时间是否与步骤 6）中给出的相符？为什么 QUBE-Servo 2 的响应存在稳态误差，而从其传递函数得到的响应却没有？

（5）在下方空白处附上实验步骤 9）中最终的 MATLAB 响应曲线、测量值，并附上如何修改控制增益达到指标要求的相应说明。

10.4.3 实验结果分析

（1）结合实验步骤 2）回答在位置伺服控制过程中，比例增益k_p有何作用？

（2）结合实验步骤 3）回答微分增益k_d值如何影响位移响应？

实验 11　速度控制系统的超前校正

11.1　实验目的

1）通过本实验掌握超前校正装置的设计方法。

2）学会调节系统开环增益对系统 Bode 图进行修正。

11.2　实验原理

一个系统中，改变增益值对系统的性能是有影响的。提高增益会使得穿越频率相应升高、系统带宽增大，使得系统的峰值时间缩短（即加速响应过程）。同时，提高增益还会减小系统的相位裕度，导致系统超调量变大，稳定性变差。因此，可以通过联合使用K_c和超前校正来满足系统对带宽的要求。

图 11.1 为典型超前校正 Bode 图，相位超前校正装置的传递函数通常表示为

$$G_c(s)=a\frac{Ts+1}{aTs+1}=\frac{s+\dfrac{1}{T}}{s+\dfrac{1}{aT}}=\frac{s-z_c}{s-p_c} \tag{11.1}$$

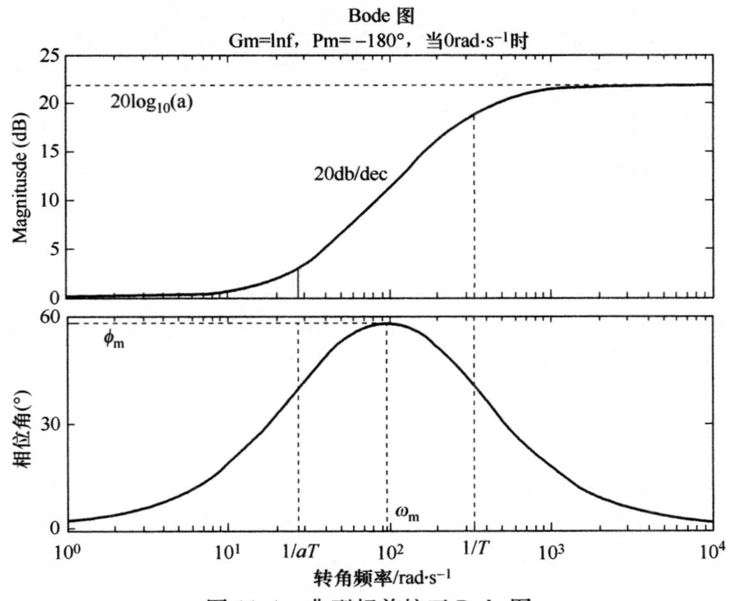

图 11.1　典型超前校正 Bode 图

频率特性为

$$G_c(j\omega)=a\frac{j\omega T+1}{ja\omega T+1} \tag{11.2}$$

相频特性为

$$\varphi(\omega)=\arctan T\omega-\arctan aT\omega \tag{11.3}$$

其转角频率分别为$\frac{1}{T}$、$\frac{1}{aT}$，且具有正的相位特性。利用$\frac{d\varphi}{d\omega}=0$，可求出最大超前相位的频率为

$$\omega_m=\frac{1}{T\sqrt{a}} \tag{11.4}$$

式（11.4）表明，ω_m是频率特性两个转角频率的几何中心。

将式（11.4）代入式（11.3）可得最大超前相位为

$$\varphi_m=\arcsin\frac{1-a}{1+a} \tag{11.5}$$

式（11.5）又可以写成

$$a=\frac{1-\sin\varphi_m}{1+\sin\varphi_m} \tag{11.6}$$

本实验将设计一个超前校正装置，将其与积分器串联，实现零稳态误差，其控制系统框图如图 11.2 所示。该系统的传递函数为

$$G(s)=K_c a\frac{Ts+1}{(aTs+1)s} \tag{11.7}$$

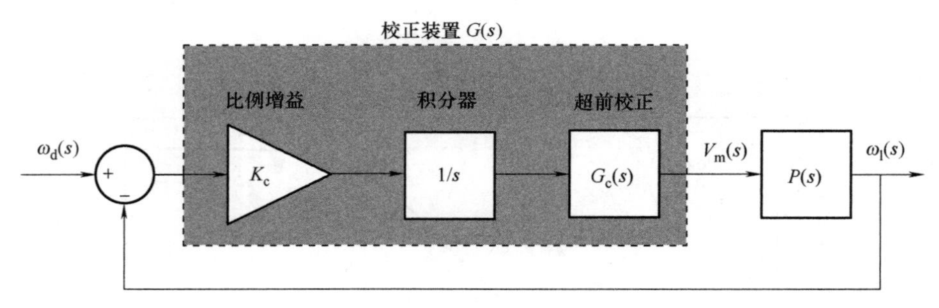

图 11.2　QUBE-Servo 2 速度控制系统框图

超前校正的基本原理是利用超前校正网络的相位超前特性去增大系统的相位裕度，改善系统的瞬态响应，因此在设计校正装置时应使最大超前相位尽可能出现在校正后系统的剪切频率 ω_c处。

设计超前校正装置的过程如下：

1）绘制未补偿系统的开环 Bode 图。

2）超前校正本身将会给闭环系统响应增加一些增益。为满足系统设计带宽的需要，需要增加比例增益K_c，以使开环穿越频率小于两倍期望系统带宽。

3）在考虑系统开环增益K_c的情况下，确定必要的额外相位超前量φ_0为

$$\varphi_0=\gamma-\gamma_0+5 \tag{11.8}$$

即期望相位裕度 γ 减去校正前相位裕度 γ_0(°)，再加上 5°。

4）令超前校正装置最大超前相位$\varphi_m=\varphi_0$，并由 $a=\dfrac{1-\sin\varphi_m}{1+\sin\varphi_m}$计算 a。

5）计算校正装置在ω_m处的增益 $10\lg\dfrac{1}{a}$，并确定未校正系统 Bode 图曲线上增益为$-10\lg\dfrac{1}{a}$处的频率，此频率即为校正后系统的剪切频率 $\omega_c=\omega_b$。通过观察校正前系统 Bode 图，找到对应的 ω_b。然后使用式（11.4）确定时间常数 T。

6）确定超前校正的转角频率 ω_T，进而得到校正装置的传递函数。

7）检查所设计的校正装置是否满足了设计要求。为此，绘制校正后系统的 Bode 图，检查最终的相位裕度以及系统响应是否满足预期性能。如有必要，可选择不同φ_0值，从步骤 3）开始重复上述设计步骤。或者是选择不同的 K_c值，从步骤 2）开始重复设计步骤。

11.3 实验步骤

本实验将为 QUBE-Servo 2 的速度控制设计超前校正装置。QUBE-Servo 2 输入电压到输出转速的传递函数为

$$P(s)=\frac{K}{Ts+1} \tag{11.9}$$

如实验原理部分所述，需要设计一个控制器，并通过与积分环节串联保证零稳态误差。为了达到超前校正的设计目标，我们假设积分环节为被控对象的一部分，即

$$P_i(s)=P(s)\frac{1}{s} \tag{11.10}$$

且系统的稳态误差（e_{ss}）、峰值时间（t_p）、最大百分比超调量（PO）、相位裕度（γ）和系统带宽（ω_b）需满足如下设计要求

$$\begin{cases} e_{ss}=0 \\ t_p=0.05\text{s} \\ PO\leqslant 5\% \\ \gamma\geqslant 75° \\ \omega_b\geqslant 75\text{rad/s} \end{cases} \tag{11.11}$$

完成 QUBE-Servo 2 集成实验和 PD 控制实验后，执行以下实验步骤：

1）找到串联积分环节后系统传递函数$P_i(s)$［方程（11.10）］的幅频响应特性，变量为频率 ω。

2）为传递函数$P_i(s)$找到与模型参数 K 和 T 相关的剪切频率表达式（系统在剪切频率ω_c处增益为 1（或 0dB））。当 $K=23$、$T=0.13$ 时，使用此表达式确定 QUBE-Servo 2 的剪切频率。

3）使用 margin（Pi）命令绘制$P_i(s)$的 Bode 图，并将得到的剪切频率与步骤 2）中的计算值进行比较。

4）找到合适的增益K_c使得$K_cP_i(s)$的剪切频率为 35rad/s（约为期望闭环带宽的一半）。

5）确定超前校正为$K_cP_i(s)$提供的相位超前量φ_0。

6）计算 a。

7）确定系统带宽ω_{b}。

8）确定超前校正零极点的位置，超前校正的传递函数$G_c(s)$。绘制超前校正的 Bode 图，并确认是否在期望的频率点处获得了期望的相位裕度。

9）绘制带有比例增益K_c和超前校正的传递函数$G_c(s)$的闭环 Bode 图，并验证结果。是否在期望的频率得到了期望的相位裕度。

10）打开程序 q_qube2_lead. mdl，应用超前校正的传递函数$G_c(s)$和比例增益K_c，运行 QUARC 控制器。判断系统响应是否具有期望的特性。改变K_c的值，观察系统的响应是否得到了改进。

11.4　实验报告

11.4.1　实验基本信息

表 11.1　实验基本信息

实 验 名 称	实 验 日 期	实 验 老 师	实验小组成员

11.4.2　实验数据及计算过程

（1）写出实验步骤 1）中幅频响应特性表达式。

（2）简述实验步骤 2）中 QUBE-Servo 2 剪切频率的计算过程。

（3）在下方空白处附上实验步骤 3）中所得的 Bode 图，使用 MATLAB 所得剪切频率与步骤 2）中的计算值是否一致？

（4）简述实验步骤 4）中增益K_c的计算过程。

（5）简述实验步骤 5）中相位超前量φ_0的计算过程。

（6）简述实验步骤 6）中 a 的计算过程。

（7）简述实验步骤 7）中系统带宽ω_b的计算过程。

（8）简述实验步骤 8）中超前校正零点和极点的位置。

（9）计算实验步骤 8）中超前校正的传递函数$G_c(s)$，并在下方空白处附上超前校正的 Bode 图，计算期望的频率。

（10）在下方附上实验步骤 9）中超前校正下闭环 Bode 图、并计算期望的频率以及相位裕度。

（11）将实验步骤 10）中比例增益K_c和超前校正传递函数$G_c(s)$作用下系统的时间响应图，以及改变K_c后的时间响应图附在下方空白处，并说明系统响应是否得到了改进。

11.4.3 实验结果分析

实验步骤7）中，得到的ω_b是否满足设计要求$\omega_b \geqslant 75\text{rad/s}$？若不满足，怎样改进才能满足此要求？请简述具体方法。

实验 12　频率响应建模

12.1　实验目的

1）掌握通过阶跃响应确定系统稳态增益的方法。

2）掌握通过幅频特性和相频特性确定时间常数的方法。

12.2　实验原理

当给直流电动机输入一个正弦波$V_m(t)$时，直流电动机将输出一个频率相同、振幅衰减、相位滞后的正弦信号。如图 12.1 所示，t_1表示正弦信号的周期，t_2表示输入电压信号 V_m 和输出速度信号 Ω_m之间的滞后时间。

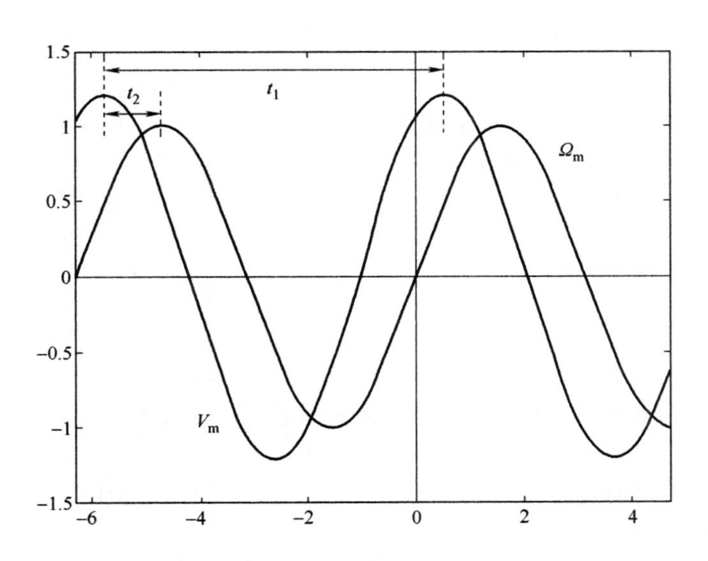

图 12.1　正弦信号的周期和相位差

如 8.2 节所述，对于 QUBE-Servo 2 系统，以电动机电压为输入，负载转速为输出传递函数为

$$\frac{\Omega_m(s)}{V_m(s)}=\frac{K}{\tau s+1} \tag{8.6}$$

其中，K 为系统的稳态增益，τ 为系统的时间常数，$\Omega_m(s)=L[\omega_m(t)]$ 为负载转速，$V_m(s)=L[v_m(t)]$ 为电动机电压。输出量的幅值随着输入的正弦信号频率而改变，通过改变输入频

率，可以得到如图 12.2 所示的系统对数幅频特性。

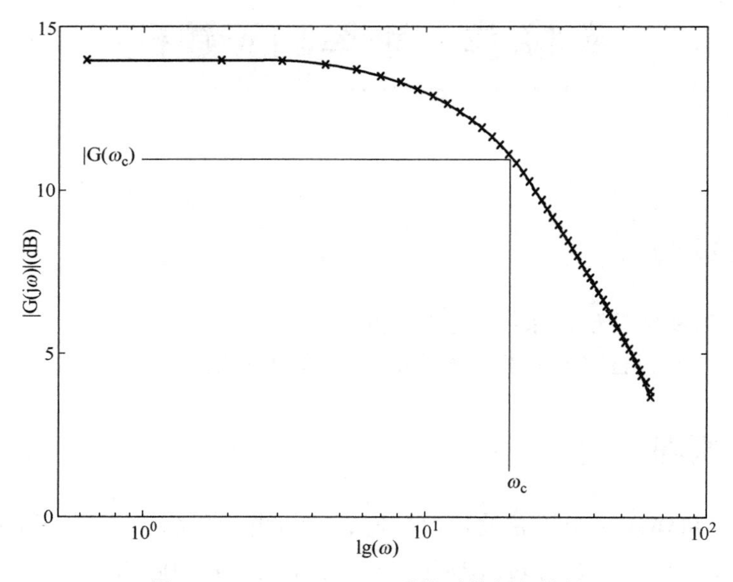

图 12.2　QUBE-Servo 2 系统对数幅频特性

截止频率ω_b也被称为系统的带宽，可以表征系统响应速度。截止频率ω_b为系统的幅频特性下降到最大稳态增益的 $1/\sqrt{2}\approx 0.707$ 时对应的频率，也可描述为系统的对数幅频特性下降到 $20\lg\ (\sqrt{2}/2)\approx -3.01\text{dB}$ 时对应的频率。

将 $s=\mathrm{j}\omega$ 代入式（8.6）中，频率响应为

$$G(\omega)=\frac{\Omega_m(\mathrm{j}\omega)}{V_m(\mathrm{j}\omega)}=\frac{K}{\tau\mathrm{j}\omega+1} \tag{12.1}$$

因此幅频特性为

$$|G(\omega)|=\frac{K}{\sqrt{1+\tau^2\omega^2}} \tag{12.2}$$

通过设置 $\omega=0$，即施加阶跃信号，可以得到系统的稳态（或低频）增益

$$K=|G(0)| \tag{12.3}$$

由式（12.3）可知，可通过阶跃响应实验确定系统稳态增益。而由式（12.2）可知，可通过幅频特性实验确定时间常数 τ。

另一种确定 τ 的方法是进行相频特性分析，即研究稳态输出与输入的相位差。由式（12.1）可知系统的相频特性（即相位差）为

$$\varphi_d=-\arctan\ \tau\omega \tag{12.4}$$

该相位差也可以在图 12.1 的输入/响应图中观察到，即

$$\varphi_d=-\frac{t_2}{t_1}\times 360° \tag{12.5}$$

联立式（12.4）和式（12.5），即可通过相频特性实验确定时间常数 τ。

12.3　实验步骤

完成滤波实验（实验 6）后方可进行频率响应建模实验。本实验分为 3 个部分的第 1 部分为通过阶跃响应确定系统稳态增益 K。第 2 部分为通过输入正弦信号获取系统幅频特性来确定时间常数 τ。第 3 部分为通过相频特性分析确定时间常数 τ。

如图 12.3 所示，我们将通过 q_qube2_freq_rsp Simulink 模型向电动机施加正弦信号或阶跃信号，并测量 QUBE-Servo 2 上的响应负载转速。

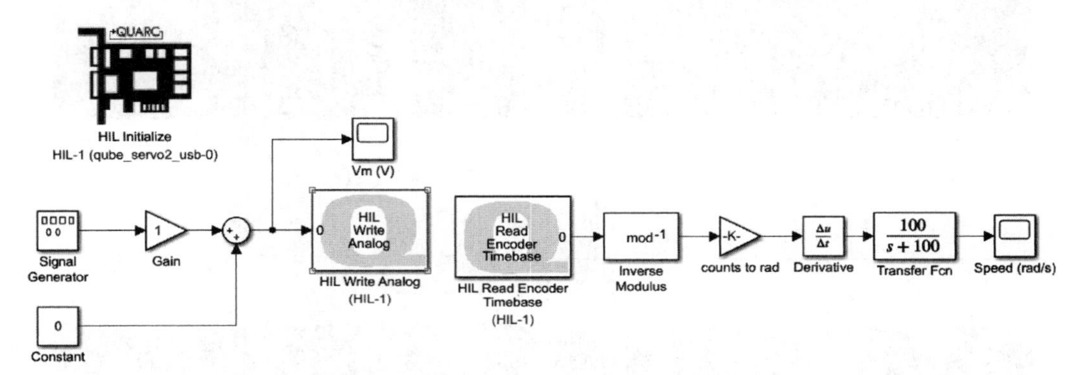

图 12.3　QUBE-Servo 2 频率响应的 Simulink 模型

12.3.1　系统稳态增益

如实验原理部分中所述，可通过施加频率为 $\omega=0\text{rad/s}$ 的输入信号（即阶跃信号）来观察系统的稳态增益 K，见式（12.3），具体实验步骤如下：

1）打开 q_qube2_freq_rsp Simulink 模型或根据实验 6 构建的模型设计新模型。

2）为系统施加 3V 的恒定电压，将 Constant 模块的参数值设置为 3，并将 Gain 模块的参数值设置为 0（即无正弦波）。

3）为了将恒压命令施加于 QUBE-Servo 2 系统，将 Offset 模块的参数值设置为 3，然后构建并运行 QUARC 控制器，所得响应曲线如图 12.4 所示。

4）测量负载转速，并分别以 rad/s 和 dB 为单位计算系统的稳态增益 K。

5）关闭 QUARC 控制器。

12.3.2　幅频特性分析

在本实验中，将使用不同频率的正弦输入来确定系统的时间常数 τ。

1）依据式（12.2），推导时间常数 τ 的表达式。（提示：首先计算截止频率 ω_b 处的幅值）。

2）为给 q_qube2_freq_rsp 模型输入正弦波，将 Constant 模块的参数值设置为 0、Gain 模块的参数值设置为 3、将 Signal Generator 模块中的频率设置为 0.4Hz。

3）运行 QUARC 控制器，系统响应曲线如图 12.5 所示。

4）测量响应的最大正速度并计算系统增益（分别以 rad/s 和 dB 为单位），将结果填入表 12.1。

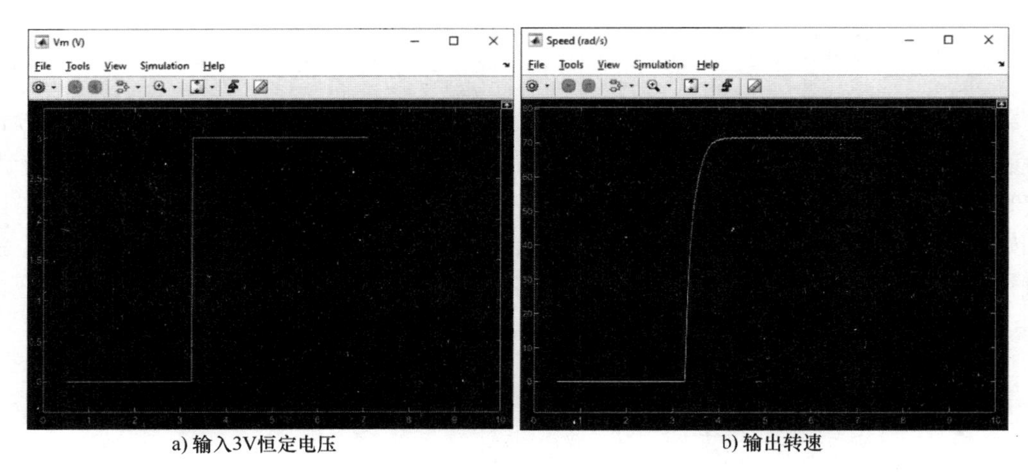

a) 输入3V恒定电压　　b) 输出转速

图 12.4　施加 3V 恒定电压时的系统响应

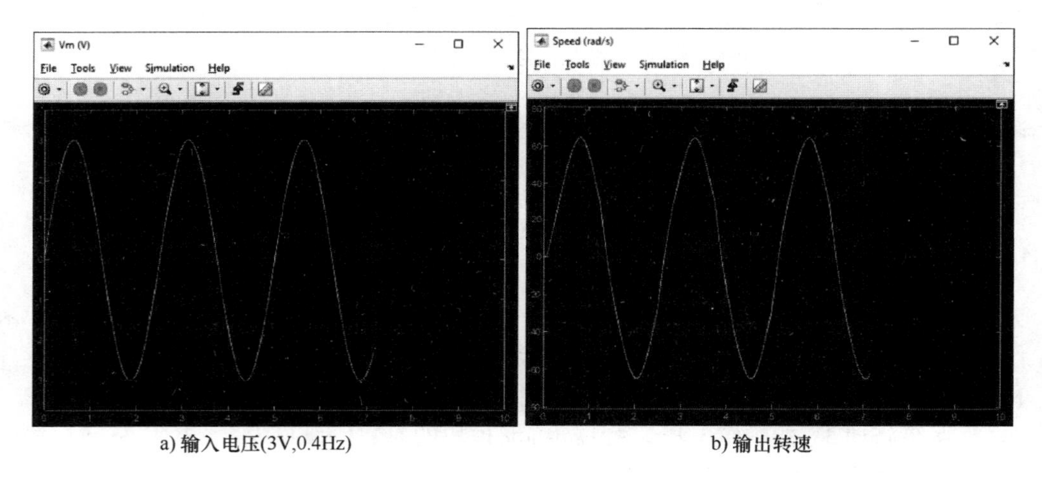

a) 输入电压(3V,0.4Hz)　　b) 输出转速

图 12.5　施加 3V、0.4Hz 正弦电压时的系统响应

5）对表 12.1 中的其余频率重复上述实验步骤。在频率为 0.0Hz 一行中输入 12.3.1 节中得到的系统稳态增益。

6）使用 Plot 命令和表 12.1 中的数据生成对数幅频特性曲线图。（注：绘制对数幅频特性曲线图时，忽略频率为 0Hz 的数据）

7）使用获得的对数幅频特性曲线图计算时间常数 τ，标明截止频率的位置。（提示：使用 MATLAB Figure Data Tips 工具可直接从图中获取增益值）

表 12.1　测量的频率响应数据

f/Hz	最大振幅/V	最大正速度/rad·s^{-1}	系统增益/rad·s^{-1}	系统增益/dB
0.0				
0.4				

（续）

f/Hz	最大振幅/V	最大正速度/rad · s^{-1}	系统增益/rad · s^{-1}	系统增益/dB
0.8				
1.2				
1.6				
2.0				
2.4				
2.8				

12.3.3　相频特性分析

利用图 12.6 所示的 q_qube2_phase_delay Simulink 模型向电动机施加正弦电压，并测量 QUBE-Servo 2 上的响应负载转速。将输入和输出信号绘制在同一张 Time Delay 图上，以测量相位差。

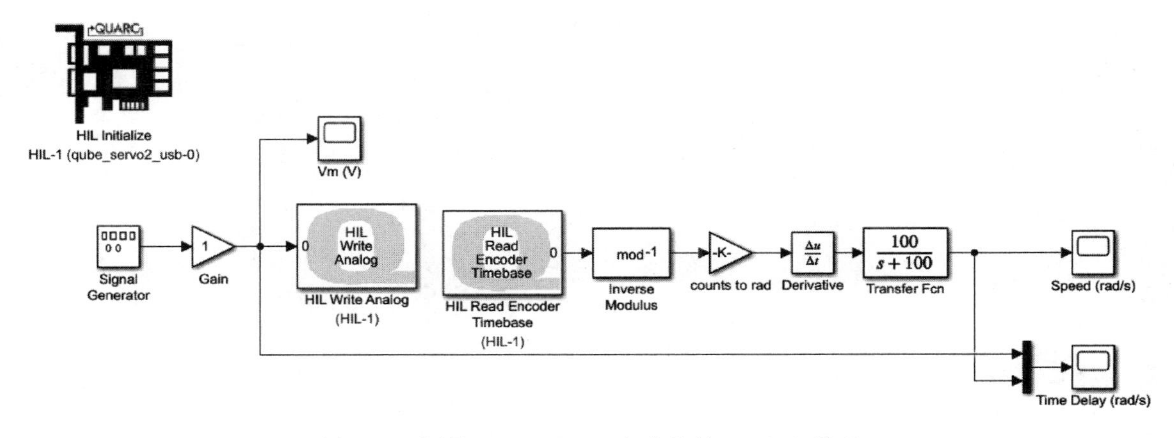

图 12.6　测量 QUBE-Servo 2 相位差的 Simulink 模型

1）对于式（12.1）中的输入电压-速度传递函数，根据正弦输入信号的频率和由此产生的相位差，建立时间常数 τ 的表达式。

2）用输入输出信号之间的时间滞后来表示步骤 1）中建立的时间常数方程。

3）打开 q_qube2_phase_delay Simulink 模型。

4）将信号发生器中的频率设置为 0.4Hz 并将增益块设置为 3，即向电动机施加 3V、0.4Hz 的正弦波。

5）构建并运行 QUARC 控制器，响应曲线如图 12.7 所示。

6）在输入电压为 3V、0.4Hz 的正弦信号时，测量输出转速的滞后时间。

7）以度和弧度为单位确定相应的相位差，根据这些测量结果，计算 QUBE-Servo 2 系统的时间常数 τ。

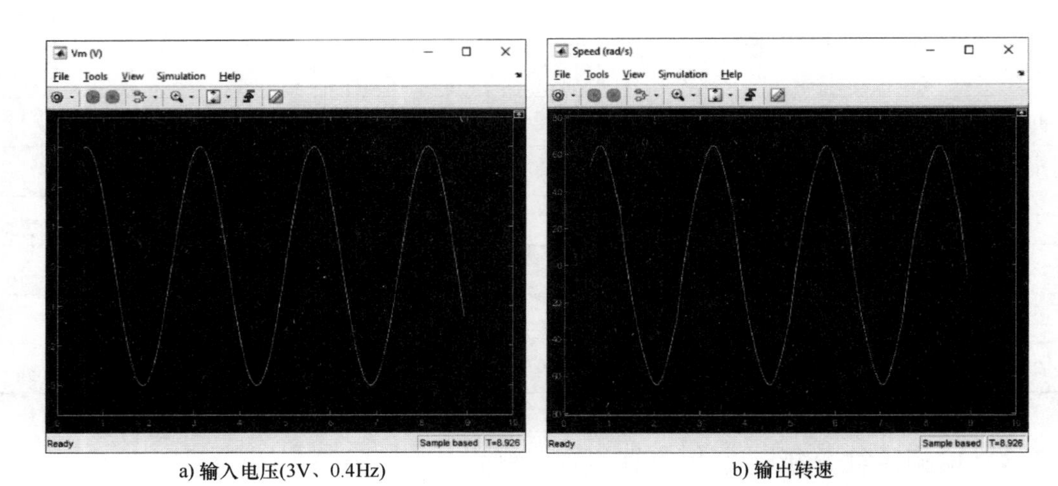

a) 输入电压(3V、0.4Hz)　　b) 输出转速

图 12.7　施加 3V、0.4Hz 正弦电压时的系统响应曲线

12.4　实验报告

12.4.1　实验基本信息

表 12.2　实验基本信息

实 验 名 称	实 验 日 期	实 验 老 师	实验小组成员

12.4.2　实验数据及计算过程

（1）在下方附上在实验 12.3.1 节步骤 3）中得到的输入电压和输出转速图。

（2）简述实验 12.3.1 节步骤 4）中系统稳态增益 K 的计算过程。

（3）简述实验 12.3.2 节步骤 1）中时间常数 τ 的表达式及其推导过程。

（4）在下方附上实验 12.3.2 节步骤 6）中获得的对数幅频特性曲线图。

（5）简述实验 12. 3. 2 节步骤 7）中时间常数 τ 的计算过程。

（6）简述实验 12. 3. 3 节步骤 1）中时间常数 τ 的表达式及其推导过程。

（7）列出实验 12. 3. 3 节步骤 2）中的时间常数 τ 的表达式。

（8）将实验 12. 3. 3 节步骤 6）中测得的输出转速滞后时间及其计算过程列于下方，并附上获得的时间滞后响应曲线。

（9）简述实验 12. 3. 3 节步骤 7）中时间常数 τ 的计算过程。

12. 4. 3 实验结果分析

将用 12. 3. 3 节中相频特性分析得到的时间常数与 12. 3. 2 节中幅频特性得到的结果进行比较。如果不同，请列出可能导致出现不同结果的原因。

实验13　开放实验——状态空间建模与验证

13.1　实验目的

1）通过本实验掌握建立倒立摆系统的线性状态空间模型的方法。

2）验证建立的模型是否能精确表达特定的倒立摆系统。

13.2　实验原理

图13.1所示为倒立摆的物理模型，将旋转臂连接至QUBE-Servo 2系统之后，驱动旋转臂。旋转臂长度为L_r(m)，转动惯量为J_r(kg·m^2)，当其逆时针（CCW）旋转时，转角θ(°)增大。当控制电压为正（V_m>0）时，伺服电动机输出轴（连同旋转臂）应逆时针旋转。

将摆杆连接至旋转臂的末端，摆杆总长为L_p(m)，质心位于$L_p/2$处，且绕其质心的转动惯量为J_p(kg·m^2)。当摆垂直向下时倒立摆角$\alpha=0°$，当摆逆时针旋转时倒立摆角α增大。

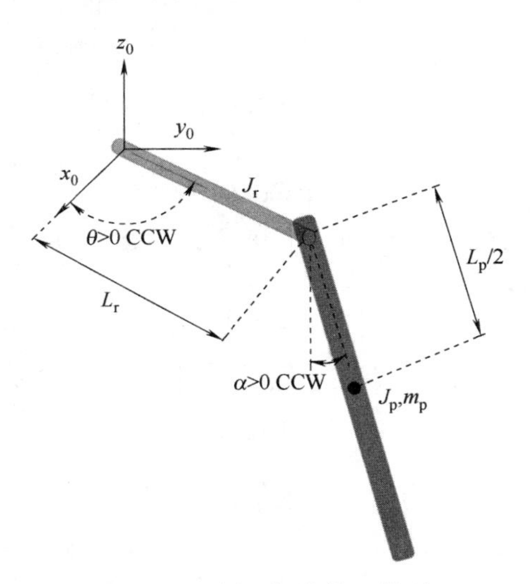

图13.1　倒立摆的物理模型

倒立摆非线性运动方程（EOM）为

$$\left(m_pL_r^2+\frac{1}{4}m_pL_p^2-\frac{1}{4}m_pL_p^2\cos\alpha^2+J_r\right)\ddot{\theta}-\left(\frac{1}{2}m_pL_pL_r\cos\alpha\right)\ddot{\alpha}+\left(\frac{1}{2}m_pL_p^2\sin\alpha\cos\alpha\right)\dot{\theta}\dot{\alpha}+\left(\frac{1}{2}m_pL_pL_r\sin\alpha\right)\dot{\alpha}^2=\tau-D_r\dot{\theta} \tag{13.1}$$

$$\frac{1}{2}m_pL_pL_r\cos\alpha\,\ddot{\theta}+\left(J_p+\frac{1}{4}m_pL_p^2\right)\ddot{\alpha}-\frac{1}{4}m_pL_p^2\cos\alpha\,\sin\alpha\,\dot{\theta}^2+\frac{1}{2}m_pL_pg\sin\alpha=-D_p\dot{\alpha} \quad (13.2)$$

伺服电动机施加在旋转臂底部的转矩为

$$\tau=\frac{k_m(V_m-k_m\dot{\theta})}{R_m} \quad (13.3)$$

若对非线性运动方程在工作点附近进行线性化，则最终倒立摆的线性运动方程为

$$(m_pL_r^2+J_r)\ddot{\theta}-\frac{1}{2}m_pL_pL_r\ddot{\alpha}=\tau-D_r\dot{\theta} \quad (13.4)$$

和

$$\frac{1}{2}m_pL_pL_r\ddot{\theta}+\left(J_p+\frac{1}{4}m_pL_p^2\right)\ddot{\alpha}+\frac{1}{2}m_pL_pg\alpha=-D_p\dot{\alpha} \quad (13.5)$$

求解加速度项可得

$$\ddot{\theta}=\frac{1}{J_T}\left[-\left(J_p+\frac{1}{4}m_pL_p^2\right)D_r\dot{\theta}+\frac{1}{2}m_pL_pL_rD_p\dot{\alpha}+\frac{1}{4}m_p^2L_p^2L_rg\alpha+\left(J_p+\frac{1}{4}m_pL_p^2\right)\tau\right] \quad (13.6)$$

和

$$\ddot{\alpha}=\frac{1}{J_T}\left[\frac{1}{2}m_pL_pL_rD_r\dot{\theta}-(J_r+m_pL_r^2)D_p\dot{\alpha}-\frac{1}{2}m_pL_pg(J_r+m_pL_r^2)\alpha-\frac{1}{2}m_pL_pL_r\tau\right] \quad (13.7)$$

式（13.7）中

$$J_T=J_pm_pL_r^2+J_rJ_p+\frac{1}{4}J_rm_pL_p^2 \quad (13.8)$$

又因为线性状态空间方程为

$$\dot{x}=\boldsymbol{A}x+\boldsymbol{B}u \quad (13.9)$$

和

$$y=\boldsymbol{C}x+\boldsymbol{D}u \quad (13.10)$$

其中，x 为状态量，u 为控制输入，$\boldsymbol{A}$，$\boldsymbol{B}$，$\boldsymbol{C}$ 和 $\boldsymbol{D}$ 为状态空间矩阵，而对于倒立摆系统，状态和输出定义为

$$x=[\theta \quad \alpha \quad \dot{\theta} \quad \dot{\alpha}]^T \quad (13.11)$$

和

$$y=[\theta \quad \alpha]^T \quad (13.12)$$

13.3 实验步骤

完成 QUBE-Servo 2 系统集成实验、伺服电动机系统建模与验证实验之后方可进行以下实验步骤：

1）基于倒立摆系统中的传感器，得到式（13.10）中 $\boldsymbol{C}$ 和 $\boldsymbol{D}$ 两个矩阵。

2）由式（13.6）和式（13.7），以及式（13.11）中定义的状态，得出倒立摆系统线性状态空间模型。

3）基于实验步骤 2）推导出的状态空间模型，以及提供的 MATLAB 脚本文件 rotpen_ABCD_eqns.m，创建矩阵，使其与摆的线性状态空间模型一致。

4）设计如图 13.2 所示的模型，对倒立摆系统和状态空间模型施加幅值为 0~1V，频率为 1Hz 的方波。

5）在 MATLAB 工作空间，运行 setup_ss_model.m 脚本文件，生成状态空间模型参数，确保生成的矩阵与步骤 2）中求解的线性状态空间模型一致。

6）在脚本文件 setup_ss_model.m 中，将旋转臂黏性阻尼系数D_r设置为 0.0015N · m · s/rad，摆的阻尼系数D_p设置为 0.0005N · m · s/rad。实验发现，当受到阶跃输入时，这些参数相当准确地反映了系统由于摩擦等效应而产生的黏性阻尼。

7）编译并运行此模型。摆系统的阶跃响应曲线如图 13.3 所示。

8）每个倒立摆的黏性阻尼可能会因不同的系统而表现轻微的差别。如果建立的模型不能精确表达特定的倒立摆系统，可改变阻尼系数D_r和D_p，以得到更精确的模型。

9）停止 QUARC 控制器。

10）关闭 QUBE-Servo 2 电源。

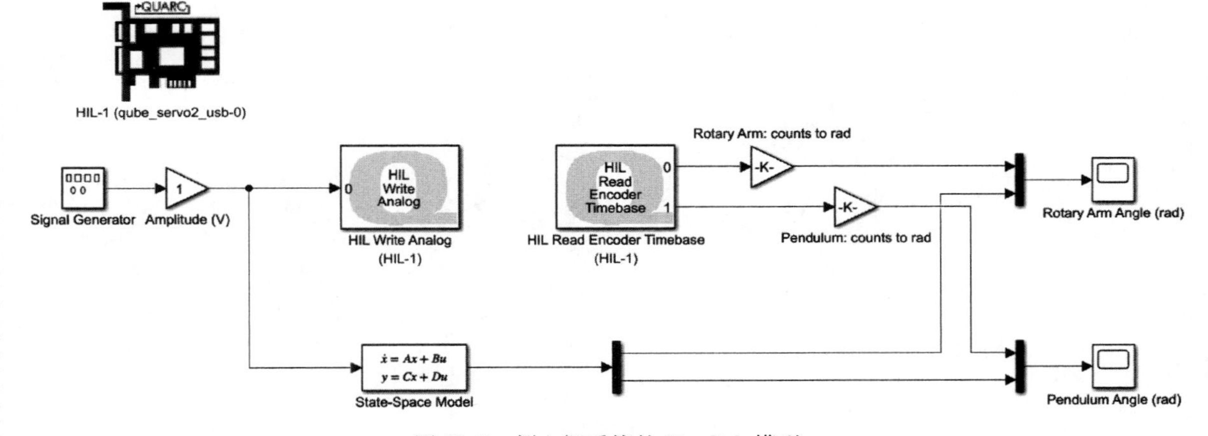

图 13.2　倒立摆系统的 Simulink 模型

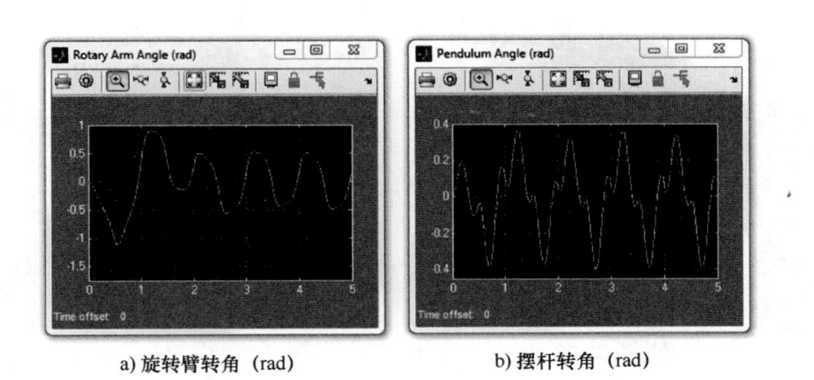

a) 旋转臂转角（rad）　　b) 摆杆转角（rad）

图 13.3　摆系统的阶跃响应曲线

13.4 实验报告

13.4.1 实验基本信息

表 13.1 实验基本信息

实 验 名 称	实 验 日 期	实 验 老 师	实验小组成员

13.4.2 实验数据及计算过程

（1）写出实验步骤 1）中 $\boldsymbol{C}$ 和 $\boldsymbol{D}$ 两个矩阵。

（2）写出实验步骤 2）中倒立摆系统的线性状态空间方程推导过程。

（3）在下方附上实验步骤 7）中的响应曲线。

13.4.3 实验结果分析

建立的模型是否很好地表达了实际系统？如果没有，解释为什么会有差异。

附录 A　QUBE-Servo 2 系统硬件及安装

A.1　系统硬件

A.1.1　系统示意图

因 I/O 接口差异，QUBE-Servo 2 系统提供 USB 和 SPI 两种类型的接口。USB 用于与计算机之间传递数据；SPI 接口用于连接外部微控制器开发板。

QUBE-Servo 2 中不同系统元件间的交互关系如图 A.1 所示。在数据采集（DAQ）设备模块中：电动机和摆的编码器连接到编码器输入（EI）通道#0 和#1；模拟输出（AO）通道连接到驱动直流电动机的功率放大器指令；DAQ 模拟输入（AI）通道连接到 PWM 放大器电流检测电路。DAQ 还通过内部串行数据总线控制集成三色 LED 灯。DAQ 可以通过 QFLEX 2 USB 接口与台式计算机或便携式计算机连接，或者通过 SPI 接口连接到外部微控制器。

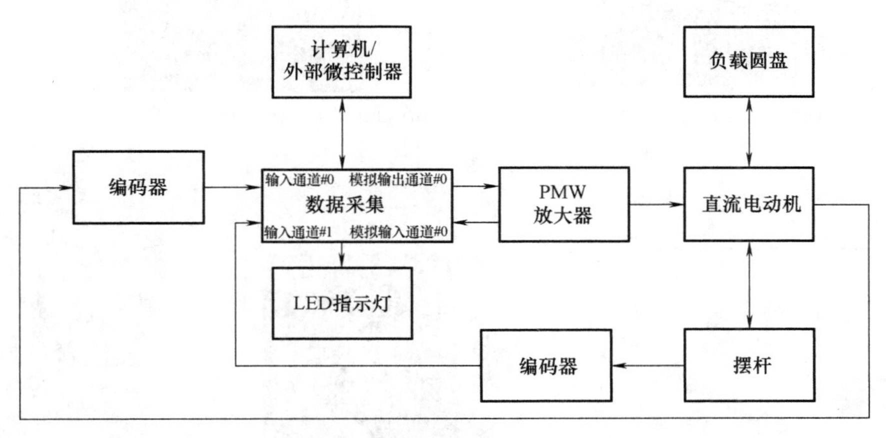

图 A.1　QUBE-Servo 2 中不同系统元件间交互关系

A.1.2 硬件组成

表 A.1 中列出了用于 USB 和 SPI 嵌入式接口的主要 QUBE-Servo 2 元件。QFLEX 2 USB 元件如图 A.2a 所示，QFLEX 2 嵌入式元件如图 A.2b 所示。注意：QUBE-Servo 2 内部元件对静电放电敏感。在操作 QUBE-Servo 系统前，应确保其已正确接地。

表 A.1 QUBE-Servo 2 元件

ID	元件名称	ID	元件名称
1	铝合金底板	11	旋转臂中心
2	模块连接器	12	旋转摆磁铁
3	模块连接器磁铁	13	摆编码器
4	LED 状态指示灯	14	直流电动机
5	编码器接口	15	电动机编码器
6	电源接口	16	QUBE- Servo 2 放大器电路板
7	电源 LED 指示灯	17	SPI 数据接口①
8	负载圆盘	18	USB 接口②
9	摆杆	19	接口 LED 指示灯
10	旋转臂	20	内部数据总线

① 仅 QFLEX 2 SPI
② 仅 QFLEX 2 USB

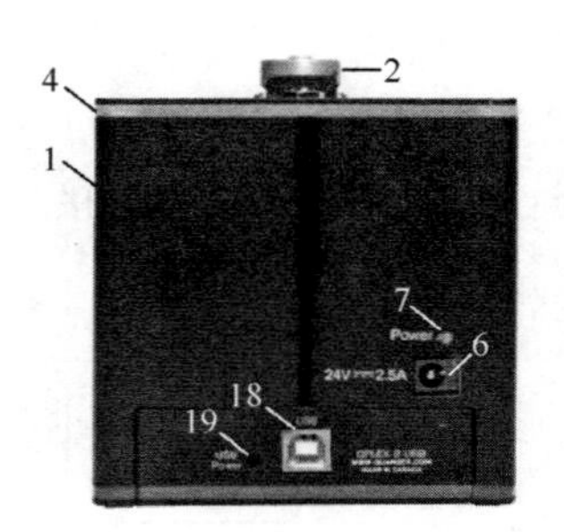

a) QUBE-Servo 2 with QFLEX 2 USB

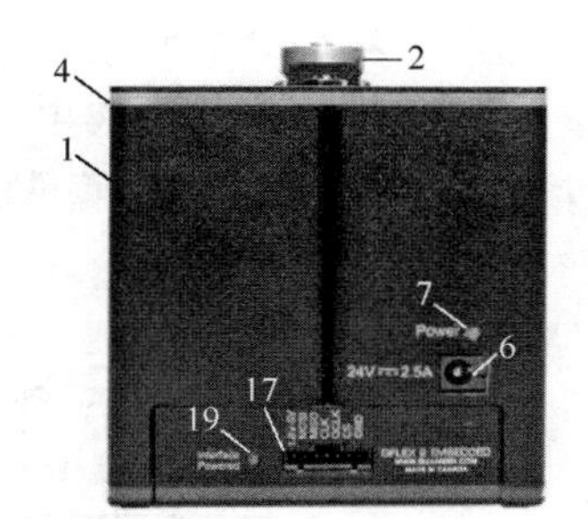

b) QUBE-Servo 2 with QFLEX 2 嵌入式

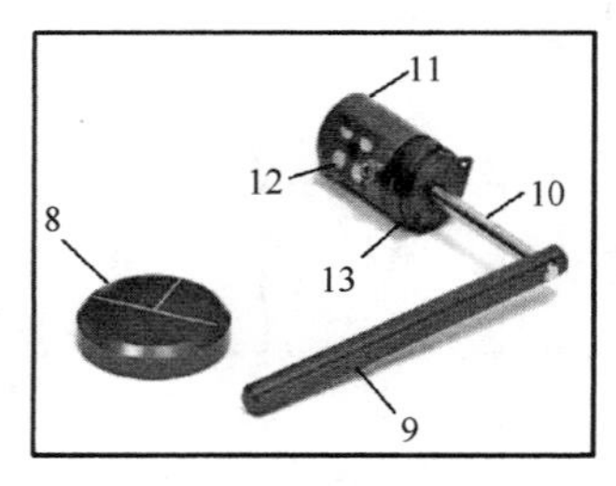

c) QUBE-Servo 2 模块

d) QUBE-Servo 2 俯视图

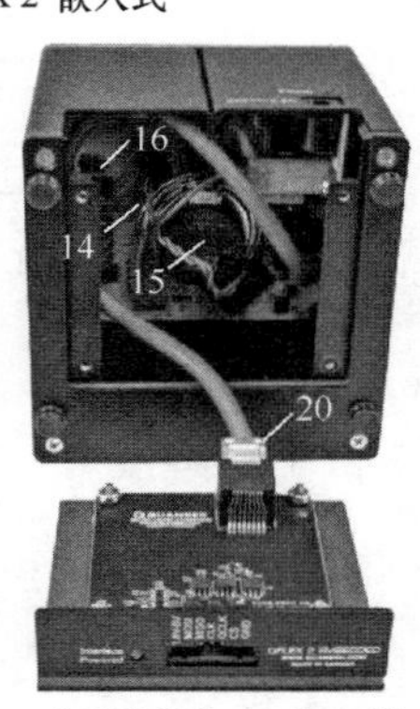

e) QUBE-Servo 2 内部

图 A.2 QUBE-Servo 2 元件

（1）直流电动机　QUBE-Servo 2 系统包含一个 18V 直流电动机，电动机特性列于表 A-2 中。QUBE 内集成了一台 Allied Motion CL40 系列无芯直流电动机，型号为 16705。电动机的完整特性表参见：http://alliedmotion.com/Products/Series.aspx?s=29。

注意：①输入电压±10V，峰值电流 2A，连续电流 0.5A；②有移动部件裸露；③如果输入电压超过 5V，电动机发生长时间堵转则可能会导致永久性损坏。

（2）编码器　系统采用美国 E8P-512-118 数字单端光学同轴编码器测量 QUBE-Servo 2 中直流电动机和摆的转角位置。它以 512 线/圈的四倍频模式工作，即每圈输出 2048 个脉冲。在通道 14000 上设置了用于测量角速度的数字转速表，单位为计数/秒。

（3）数据采集（DAQ）设备　QUBE-Servo 2 包含一个带有两个四倍频解码的 32 位编码器通道和一个 PWM 模拟输出通道的集成数据采集设备。该 DAQ 还集成了一个为电动机提供电流检测反馈的 12 位 ADC。该电流反馈用于检测电动机的堵转状态，如果检测到长时间堵转，将禁用放大器。

（4）功率放大器 QUBE-Servo 2　电路板中包含一个 PWM 压控功率放大器，能够提供 2A 的峰值电流和 0.5A 的连续电流（基于电动机的额定热电流）。负载的输出电压范围为±10V。

A.1.3　使用环境

QUBE-Servo 2 需在以下环境条件下运行：

1）标准额定值。

2）仅限室内。

3）温度范围 5～40℃。

4）海拔 2000m 以内。

5）温度在 31°以下时最大相对湿度 80%，在 40°时线性下降至相对湿度为 50%。

6）污染等级 2。

7）电源电压的波动不超过额定电压的±10%。

8）最大瞬间过压 2500V。

9）防护等级 IEC 60529：常用设备（IPX0）。

A.1.4　系统参数

表 A.2 列出了与 QUBE-Servo 2 相关的主要参数特性。

表 A.2　QUBE-Servo 2 系统参数

项　目	符　号	描　述	数　值
直流电动机	V_{nom}	额定输入电压	18.0V
	τ_{nom}	额定扭矩	22.0mN·m
	ω_{nom}	额定转速	3050RPM
	I_{nom}	额定电流	0.540A
	R_m	接线端电阻	8.4Ω
	k_t	扭矩常数	0.042N·m/A
	k_m	电动机反电势常数	$0.042\text{V}/(\text{rad}\cdot\text{s}^{-1})$
	J_m	转子惯量	$4.0\times10^{-6}\ \text{kg}\cdot\text{m}^2$

（续）

项　目	符　号	描　述	数　值
直流电动机	L_m	转子电感	1.16mH
	m_h	模块连接器的质量	0.0106kg
	r_h	模块连接器的半径	0.0111m
	J_h	模块连接器转动惯量	0.6×10^{-6}kg·m^2
负载圆盘	m_d	负载圆盘质量	0.053kg
	r_d	负载圆盘半径	0.0248m
旋转摆	m_r	旋转臂质量	0.095kg
	L_r	旋转臂长度（从轴到金属杆末端）	0.085m
	m_p	摆杆质量	0.024kg
	L_p	摆杆长度	0.129m
电动机和摆编码器		编码器线数	512 线/圈
		四倍频后的编码器线数	2048 线/圈
		编码器分辨率（四倍频后，度）	0.176deg/脉冲
		编码器分辨率（四倍频后，弧度）	0.00307rad/脉冲
放大器		放大器类型	PWM
		峰值电流	2A
		连续电流	0.5A
		输出电压范围（推荐）	±10V
		输出电压范围（最大）	±15V

A.2　系统安装

安装 QUBE-Servo 2 系统需要以下元件（注意：如果该设备没有工作在制造商给定的工况，设备提供的保护装置可能会永久损坏）：

1）QUBE-Servo 2（USB 或嵌入式版本）。

2）负载圆盘模块（如图 A.3a 所示）。

3）旋转摆模块（如图 A.3b 所示）。

4）电源额定值。

a) 安装负载圆盘模块的QUBE-Servo 2

b) 安装旋转摆模块的QUBE-Servo 2

图 A.3　安装不同模块的 QUBE-Servo 2

输入：100-240V AC，50-60Hz，1.4A；输出：24V DC，2.71A。

注意：给 QUBE-Servo 2 系统供电时，只能使用随机电源适配器（AC-DC 适配器，Adapter Technology Co Ltd，型号 ATS065-P241）。

5）电源电缆。

注意：①只有随机电缆才能用于给 QUBE-Servo 2 系统供电；②确保电源线的插头在紧急情况下可以断开；③在将本设备连接至交流电源插座的过程中，必须采取预防措施以确保准确接地且接地线未断开。

6）USB 2.0 A/B 电缆（适用于 QFLEX 2 USB）或跳线（适用于 QFLEX 2 嵌入式）。

英 \ 文 \ 部 \ 分

Part One Mass-Spring-Damping Mechanical Vibration Experimental System

Mechanical vibration systems based on springs, dampers and mass blocks can be found everywhere in life, such as automotive shock absorbers and cushioning systems for consuming collision energy. The performance of the shock absorption and cushioning system directly affects the comfort of the vehicle and the safety of the occupants. This chapter focuses on the software and hardware composition of the mass-spring-damping mechanical vibration experimental system introduced by Wuhan Depush Technology Co. , Ltd. , which provides support for the system performance analysis experiments in the following chapters.

I. 1 Experimental Hardware System

The body is composed of AC servo motor, gear-rack drive mechanism, linear slide rail guide mechanism, connecting rod mechanism, spring, mass block, digital grating ruler, air damper, base and so on. As shown in Fig. I. 1.

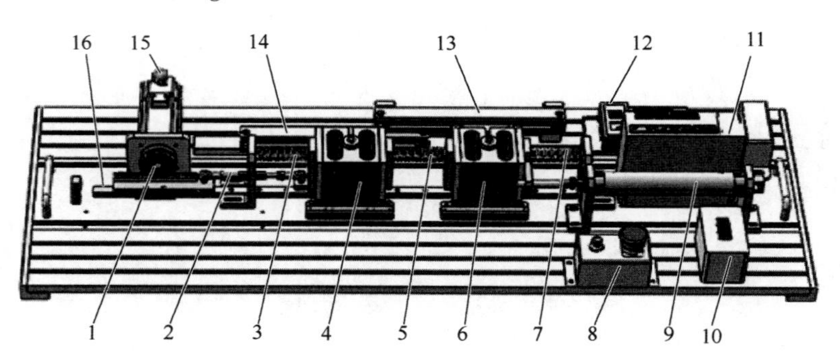

Fig. I. 1 Hardware system of mass-spring-damping experiment

1—Gear-rack drive mechanism 2—Linkage mechanism 3—Spring 1 4—Mass block 1 5—Spring 2 6—Mass block 2 7—Spring 3 8—Quick stop switch 9—Air damper 10—Total power switch 11—Servo driver 12—Encoder module 13—Raster ruler 2 14—Raster ruler 1 15—Servo motor 16—Linear slide rail

Ⅰ.2　Experimental Software System

Introduction video of mass-spring-damping mechanical vibration experimental system software

TwinCAT3 automation control software based on PC is selected as the software development platform. In the field of efficient engineering, TwinCAT3 integrates modularization and software architecture into the whole platform. In this section, aiming at the mass-spring-damping experimental system, how to operate the software system developed based on TwinCAT3 is introduced.

Ⅰ.2.1　Interface Introduction

In lab, there are two interfaces that need to be operated, namely HMI and Scope. Open the resource manager to see the entrances of the above two interfaces, as shown in Fig. Ⅰ.2.

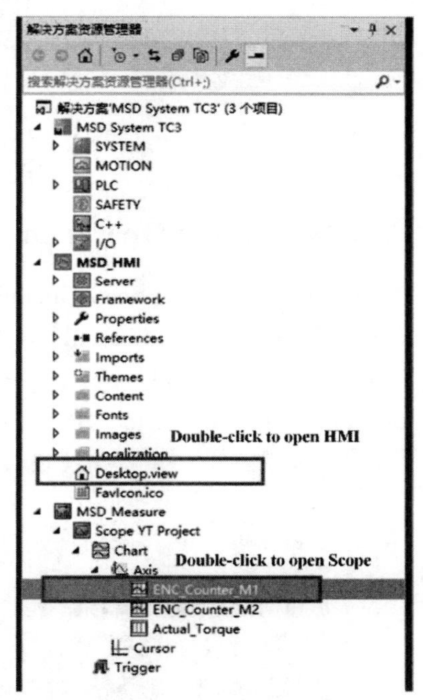

Fig. Ⅰ.2　Entry of HMI and Scope interface

(1) Scope interface　Scope is a data oscilloscope component of TwinCAT3, which can easily observe, analyze, process and export raster ruler, torque and other data. While operating HMI, it is necessary to observe and process the waveform data obtained in the Scope interface. The opened Scope interface is shown in Fig. Ⅰ.3. Where Abscissa is time and ordinate is raster ruler data. It is important to note that the data sampling rate and coordinate range of Scope have been set and should not be easily modified. The timeline can be scaled through the mouse wheel.

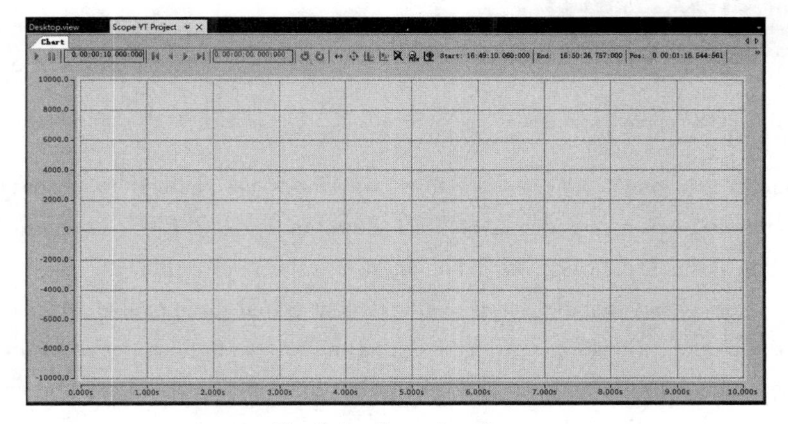

Fig. Ⅰ.3　Scope interface

(2) HMI interface　After opening Desktop.view in Fig. Ⅰ.2, do not make any modification,

and directly click the button marked with "L" on the right side of Fig. Ⅰ.4. Then, an independent HMI operation interface homepage pops up, as shown in Fig. Ⅰ.5, and all operations in the following experiments are based on this window. Open to close Desktop. view to prevent files from being changed by mistake.

Fig. Ⅰ.4　HMI interface

Ⅰ.2.2　Scope Basic Operation

The basic operation of Scope includes waveform recording, pause and stop, data analysis and processing, data export and so on.

(1) Record waveform　First, power on the experimental system, enter the Scope interface, and click the button in the toolbar. As shown in Fig. Ⅰ.6. At this time, move the two mass blocks and observe whether the Scope has waveform output.

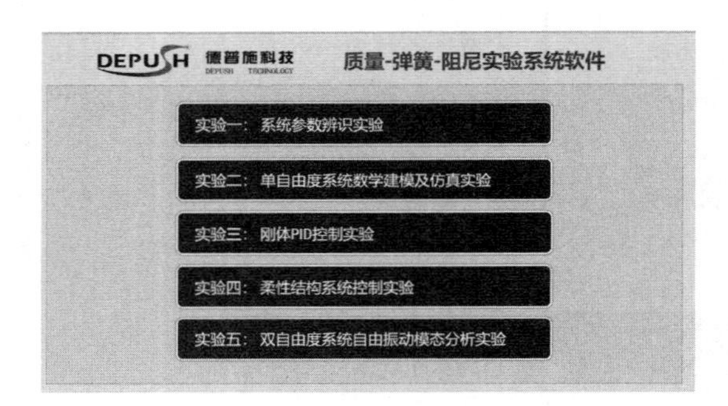

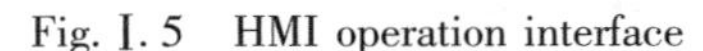

Fig. Ⅰ.5　HMI operation interface

Fig. Ⅰ.6　Record waveform button

(2) Waveform selection　At present, three waveforms are defined in Scope, that is, three waveforms with different colors are displayed, as shown in Fig.Ⅰ.7. ENC_Counter_M1 and ENC_Counter_M2 are the position data of mass 1 and mass 2 respectively, that is, the readings of corresponding grating scales, and Actual_Torque is the current actual torque value fed back by the motor.

(3) Pause recording waveform　After recording the waveform for a period of time, it is necessary to pause the update of the waveform and take points for analysis of the existing waveform. At this time, click the pause recording button, that is, the "Stop Display" button, as shown in the box in Fig. Ⅰ.8. Click this icon to update the waveform when it is necessary to record the waveform again.

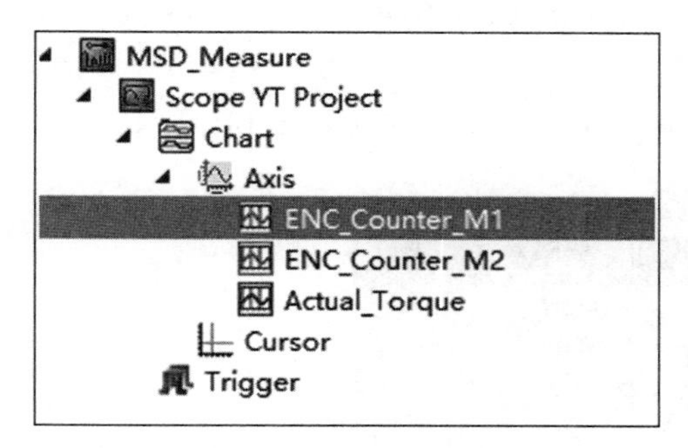

Fig. Ⅰ. 7　Waveform selection

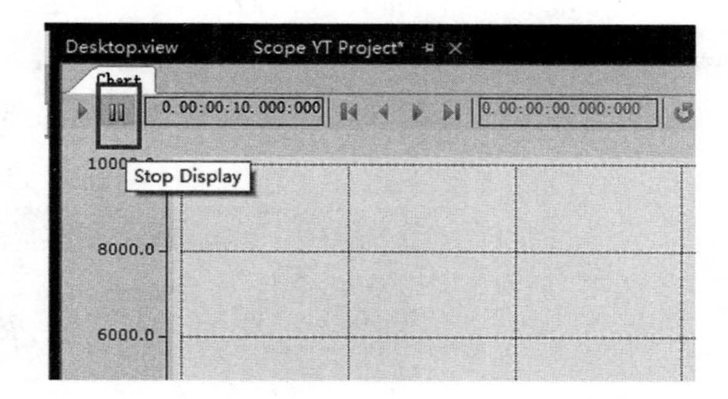

Fig. Ⅰ. 8　Stop display button

(4) Export data　Output waveforms in a period of time can be exported as CSV files and imported into MATLAB for advanced analysis, so data export is a key function, and the detailed steps are as follows:

1) According to the instructions in (1), record the effective waveforms for a period of time, and suspend the recording and refreshing of waveforms.

2) Click the "Stop Record" button in the toolbar. Then the waveform in the interface will disappear. Do not worry. The data has been saved in the background.

3) Select Scope in the menu bar and click Export. Select the CSV format and move on to the next step. Select the data that needs to be exported, and uncheck the unwanted data by "Exclude selected". Select the range of waveforms you want to export by dragging the mouse. Configure the parameters as shown in Fig. Ⅰ. 9. Finally, select the saved path and click "Creat". Excel can be used to open the created CSV file, which is convenient for direct processing or modification of data. The opened data is shown in Fig. Ⅰ. 10, in which the first and third columns are time in ms, and the second and fourth columns are the original data of grating scales 1 and 2 respectively. In addition to using Excel to open CSV files, CSV files can also be directly imported into MATLAB for other processing.

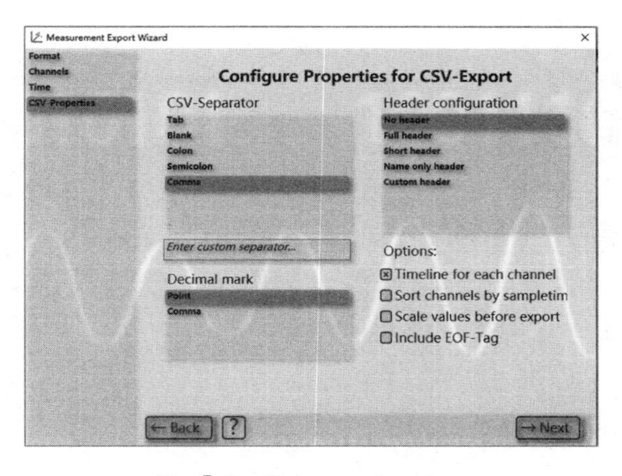

Fig. Ⅰ. 9　Data export settings

	A	B	C	D
1	0	-5690	0	-5880
2	1	-5695	1	-5880
3	2	-5699	2	-5880
4	3	-5704	3	-5880
5	4	-5708	4	-5880
6	5	-5712	5	-5880
7	6	-5717	6	-5880
8	7	-5721	7	-5880
9	8	-5726	8	-5880
10	9	-5730	9	-5880
11	10	-5735	10	-5880
12	11	-5739	11	-5880
13	12	-5744	12	-5880
14	13	-5748	13	-5880

Fig. Ⅰ. 10　CSV file raw data

(5) Import data into MATLAB The MATLAB version is R2017a 64-bit and the operating system is windows10.

1) Open MATLAB and select "Import data" on the home page. As shown in Fig. Ⅰ. 11.

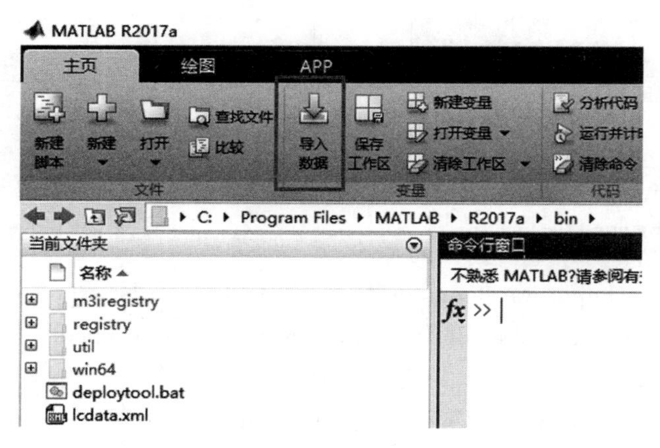

Fig. Ⅰ. 11 Import data button

2) Select the path of the CSV file to be imported. After checking the data, click "Import selection".

3) When the import is successful, there will be data objects in the workspace of MATLAB that are consistent with the name of the CSV file. As shown in Fig. Ⅰ. 12.

4) Double-click to check the data. The time data is named "VarName1" and the raster ruler data is called "VarName2". The time domain diagram can be drawn by the statement shown in Fig. Ⅰ. 13.

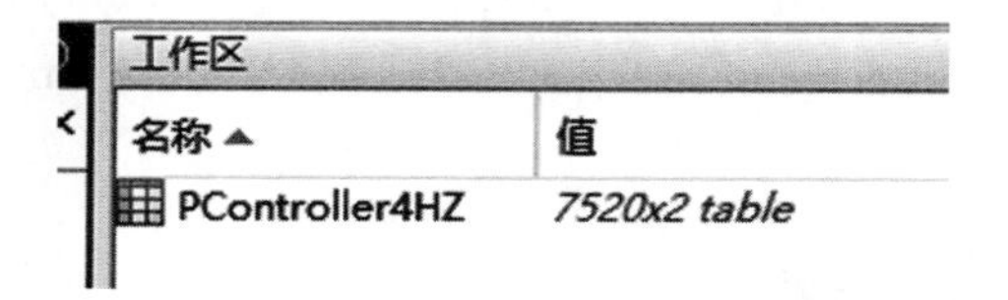

Fig. Ⅰ. 12 Data in the workspace

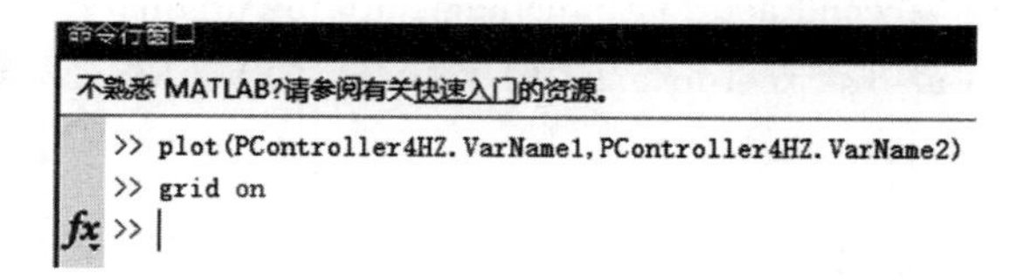

Fig. Ⅰ. 13 Plot order

Experiment 1 Parameter Identification

1.1 Experimental Purpose

1) Through this experiment, master the measurement method of parameters m, B and k of mass-spring-damping mechanical vibration system.

2) Through this experiment, master the method of calculating damping ratio and undamped natural frequency from transient response performance index of second-order system.

3) Through this experiment, master the method of data acquisition and processing under TwinCAT Scope.

1.2 Experimental Principle

The mass-spring-damping system is a second-order system with two independent energy storage elements. Some familiar phenomena, such as torsion spring, vehicle suspension system and short-time vibration of circuit after impact, are common external manifestations of second-order system time response.

1.2.1 Step Response of Second-Order System

General equation for second-order system is

$$\frac{C}{R}=\frac{\omega_n^2}{s^2+2\zeta\omega_n s+\omega_n^2} \tag{1.1}$$

where, ω_n is the undamped natural frequency, ζ is the damping ratio.

The characteristic equation of second-order system which is the equation of the denominator of the Eq. (1.1), is

$$s^2+2\zeta\omega_n s+\omega_n^2=0 \tag{1.2}$$

And the two roots of the characteristic equation are

$$s_1,\ s_2=-\zeta\omega_n\pm\omega_n\sqrt{\zeta^2-1} \tag{1.3}$$

The following classification of the system with respect to the values of ζ is given.

1. Undamped case ($\zeta=0$)

The roots are

$$s_1,\ s_2=-\zeta\omega_n\pm j\omega_n\sqrt{1-\zeta^2}=\pm j\omega_n \tag{1.4}$$

Substitute the unit step input $R(s)=1/s$ into the Eq. (1.1), the output is

$$C(s)=\frac{\omega_n^2}{s(s+\zeta\omega_n-\omega_n\sqrt{\zeta^2-1})(s+\zeta\omega_n+\omega_n\sqrt{\zeta^2-1})}=\frac{1}{s}+\frac{-s}{s^2+\omega_n^2}$$

So the Laplace transform inversion is

$$c(t)=1-\cos\omega_n t \tag{1.5}$$

According to Eq. (1.5), the second-order undamped response under the step input signal is an equal amplitude cosine curve (As shown in Fig. 1.1). In our classical control system, we treat the equal amplitude oscillation as a critical situation, also an unstable situation.

Fig. 1.1 The second-order undamped response under the unit step input

2. Underdamped case $(0<\zeta<1)$

The roots are

$$s_1,\ s_2=-\zeta\omega_n\pm\omega_n\sqrt{1-\zeta^2}\cdot \mathrm{j}=-\zeta\omega_n\pm\omega_d\cdot \mathrm{j}$$

where ω_d is named the damped natural frequency,

$$\omega_d=\omega_n\sqrt{1-\zeta^2} \tag{1.6}$$

Substitute the unit step input $R(s)=1/s$ into the Eq. (1.1), the output is

$$C(s)=\frac{1}{s}-\frac{s+2\zeta\omega_n}{(s+\zeta\omega_n)^2+\omega_n^2(1-\zeta^2)}$$

Factorize the above equation and substitute ω_d into it,

$$C(s)=\frac{1}{s}-\frac{s+\zeta\omega_n}{(s+\zeta\omega_n)^2+\omega_d^2}-\frac{\zeta\omega_n}{(s+\zeta\omega_n)^2+\omega_d^2}$$

Take the Laplace transform inversion,

$$c(t)=1-e^{-\zeta\omega_n t}\left(\cos\omega_d t+\frac{\zeta}{\sqrt{1-\zeta^2}}\sin\omega_d t\right)=1-\frac{e^{-\zeta\omega_n t}}{\sqrt{1-\zeta^2}}\sin\left(\omega_d t+\arctan\frac{\sqrt{1-\zeta^2}}{\zeta}\right) \tag{1.7}$$

Let

$$\beta=\arctan\left(\frac{\sqrt{1-\zeta^2}}{\zeta}\right) \tag{1.8}$$

Substitute Eq. (1.8) into Eq. (1.7),

$$c(t)=1-\frac{e^{-\zeta\omega_n t}}{\sqrt{1-\zeta^2}}\sin(\omega_d t+\beta) \tag{1.9}$$

From the above analysis, when $0<\zeta<1$, the output response curve will be convergent (As shown in Fig. 1.2). In general, we will choose the value of the interval (0.1, 0.8) because when ζ lies in this interval, the system will work at the suitable situation with comprehensive consideration of the stability and rapidity.

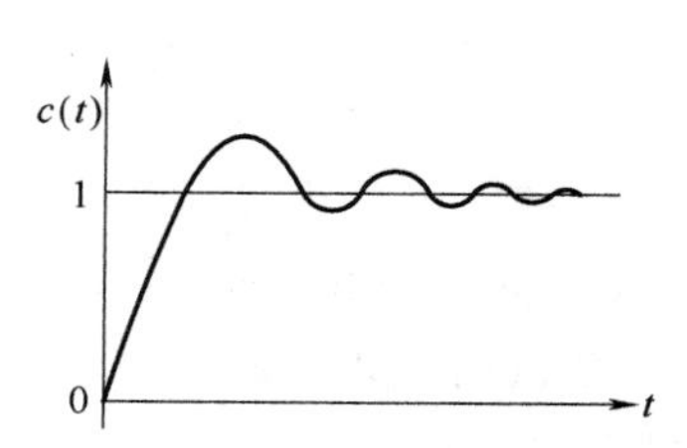

Fig. 1.2 The second-orderunderdamped response under the unit step input

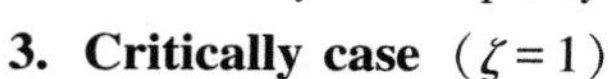
3. Critically case $(\zeta=1)$

The roots are

$$s_1,\ s_2=-\zeta\omega_n\pm j\omega_n\sqrt{\zeta^2-1}=-\omega_n \tag{1.10}$$

Substitute the unit step input $R(s)=1/s$ into the Eq. (1.1), the output is

$$C(s)=\frac{\omega_n^2}{s(s+\zeta\omega_n-\omega_n\sqrt{\zeta^2-1})(s+\zeta\omega_n+\omega_n\sqrt{\zeta^2-1})} \tag{1.11}$$

After simplifying with $\zeta=1$,

$$C(s)=\frac{\omega_n^2}{s(s+\omega_n)^2}$$

Take factorizing,

$$C(s)=\frac{1}{s}-\frac{1}{s+\omega_n}-\frac{\omega_n}{(s+\omega_n)^2}$$

So according to the Laplace transform inversion, we have

$$c(t)=1-e^{-\omega_n t}-\omega_n te^{-\omega_n t}=1-e^{-\omega_n t}(1+\omega_n t) \tag{1.12}$$

The response curve is shown in Fig. 1.3, the output response curve will come to the input signal $c(t)=1$ when time tends to infinity. In fact, error must exist between the output and input for the application control system.

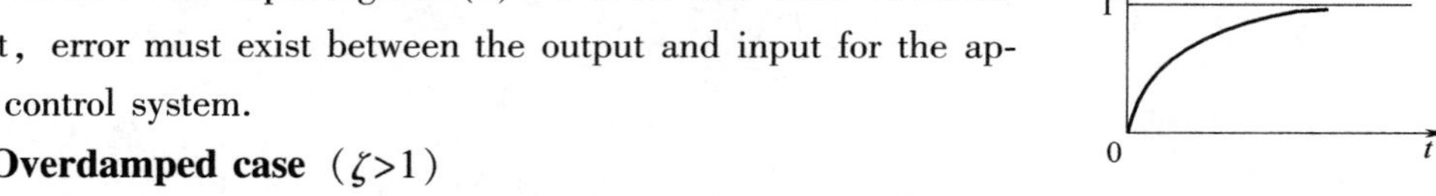

Fig. 1.3 The second-order critically damped response under the unit step input

4. Overdamped case ($\zeta>1$)

The roots are

$$s_1,\ s_2=-\zeta\omega_n\pm\omega_n\sqrt{\zeta^2-1}$$

Substitute the unit step input $R(s)=1/s$ into the Eq. (1.1), the output is

$$C(s)=\frac{\omega_n^2}{s(s+\zeta\omega_n-\omega_n\sqrt{\zeta^2-1})(s+\zeta\omega_n+\omega_n\sqrt{\zeta^2-1})}$$
$$=\frac{1}{s}+\frac{[2(\zeta^2-\zeta\sqrt{\zeta^2-1}-1)]^{-1}}{s+\zeta\omega_n-\omega_n\sqrt{\zeta^2-1}}+\frac{[2(\zeta^2+\zeta\sqrt{\zeta^2-1}-1)]^{-1}}{s+\zeta\omega_n+\omega_n\sqrt{\zeta^2-1}}$$

Take the Laplace transform inversion and get the output response in time domain,

$$c(t)=1+\frac{1}{2(\zeta^2-\zeta\sqrt{\zeta^2-1}-1)}e^{-(\zeta-\sqrt{\zeta^2-1})\omega_n t}+\frac{1}{2(\zeta^2+\zeta\sqrt{\zeta^2-1}-1)}e^{-(\zeta+\sqrt{\zeta^2-1})\omega_n t},t\geqslant 0 \tag{1.13}$$

Comparing with critically damped response, the overdamped response has the longer response time to the final value.

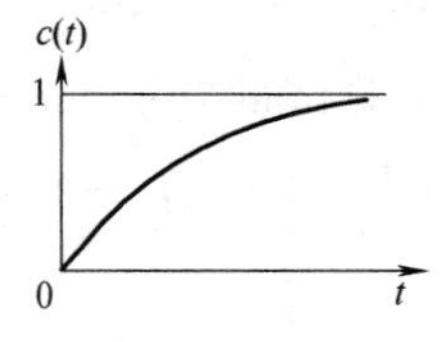

Fig. 1.4 The second-order overdamped response under the unit step input

1.2.2 Time Response Performance Index of Second-Order System

The time response performance index of the second-order system is given in the form of transient response of the system under the unit step input. This section focuses on the time response performance index of underdamped second-order system.

1. Rise Time T_r

The rise time T_r is the time when the curve first rises to the final value. For the time response of the second-order system under the unit step input,

$$c(t)=1-e^{-\zeta\omega_n t}\left(\cos\omega_d t+\frac{\zeta}{\sqrt{1-\zeta^2}}\sin\omega_d t\right)$$

The time when $c(t)=1$ should be the rise time T_r,

$$c(T_r)=1=1-e^{-\zeta\omega_n T_r}\left(\cos\omega_d T_r+\frac{\zeta}{\sqrt{1-\zeta^2}}\sin\omega_d T_r\right)$$

∵

$$e^{-\zeta\omega_n T_r}\neq 0$$

∴

$$\cos\omega_d T_r+\frac{\zeta}{\sqrt{1-\zeta^2}}\sin\omega_d T_r=0$$

Rearrange it,

$$\tan\omega_d T_r=-\frac{\sqrt{1-\zeta^2}}{\zeta}$$

That is

$$\omega_d T_r=\pi-\arctan\frac{\sqrt{1-\zeta^2}}{\zeta}$$

Let

$$\beta=\arctan\left(\frac{\sqrt{1-\zeta^2}}{\zeta}\right) \tag{1.14}$$

so

$$T_r=\frac{\pi-\beta}{\omega_d}=\frac{\pi-\beta}{\omega_n\sqrt{1-\zeta^2}} \tag{1.15}$$

2. Peak Time T_p

Firstly, we will introduce a terminology, M_{T_p}, which is the maximum peak value of the output response curve at the peak time. So the peak time T_p is the time when the curve first comes to M_{T_p}. The time when one lets the derivation of Eq. (1.7) equal to 0, that is $c'(t)=0$, is the peak time T_p,

$$\left.\frac{dc(t)}{dt}\right|_{t=T_p}=(1-\zeta^2)\sin\omega_d T_p+\zeta^2\sin\omega_d T_p=0$$

That is

$$\sin \omega_d T_p = 0$$

We have
$$\omega_d T_p = n\pi,\ n=0,\ 1,\ 2,\ \cdots,\ k$$

So

$$T_p = \frac{\pi}{\omega_d} = \frac{\pi}{\omega_n\sqrt{1-\zeta^2}} \tag{1.16}$$

3. Percentage Overshoot *PO*

We give the definition of percentage overshoot,

$$PO = \frac{M_{T_p} - f_v}{f_v} \times 100\% \tag{1.17}$$

where f_v is the final value of the response, normally f_v is the magnitude of the input. For the second-order system with a unit step input, we have $f_v = 1$. Because M_{T_p} is the maximum peak value of the time response, we have

$$M_{T_p} = 1 - \frac{1}{\sqrt{1-\zeta^2}} e^{-\zeta\omega_n T_p} \cdot \sin\left(\pi + \arctan\frac{\sqrt{1-\zeta^2}}{\zeta}\right) \times 100\% \tag{1.18}$$

$\because$

$$\beta = \arctan\frac{\sqrt{1-\zeta^2}}{\zeta}$$

$\therefore$

$$M_{T_p} = 1 - \frac{1}{\sqrt{1-\zeta^2}} e^{-\zeta\omega_n T_p} \cdot \sin\left(\pi + \arctan\frac{\sqrt{1-\zeta^2}}{\zeta}\right) \times 100\% = 1 + e^{-\zeta\omega_n T_p} \tag{1.19}$$

Substitute Eq. (1.9) into Eq. (1.7),

$$PO = \frac{M_{T_p} - f_v}{f_v} \times 100\% = \frac{1 + e^{-\zeta\omega_n T_p} - 1}{1} \times 100\% = e^{-\zeta\omega_n T_p} \times 100\%$$

Together with

$$T_p = \frac{\pi}{\omega_d} = \frac{\pi}{\omega_n\sqrt{1-\zeta^2}} \tag{1.20}$$

Finally

$$PO = e^{-\frac{\zeta\pi}{\sqrt{1-\zeta^2}}} \times 100\% \tag{1.21}$$

4. Settling Time T_s

When the difference between the output value and the input value comes to a certainthreshold, we consider the system lies in some steady state. In general, the error to the final value is always chosen as the threshold. We introduce terminology settling time T_s to analysis this performance for system. So, substitute T_s into the M_{T_p},

$$M_{T_s} = 1 - \frac{1}{\sqrt{1-\zeta^2}} e^{-\zeta\omega_n T_s} \cdot \sin(\pi - \beta) = 1 + e^{-\zeta\omega_n T_s} \tag{1.22}$$

There are two situations about T_s. If the response remains within ±2% error of the final value, that is

$$M_{T_s}-1=1+e^{-\zeta\omega_n T_s}-1=e^{-\zeta\omega_n T_s}<0.02$$

So

$$T_s=\frac{4}{\zeta\omega_n}(\delta=\pm2\%) \tag{1.23}$$

If the response remains within ±5% error to the final value,

$$T_s=\frac{3}{\zeta\omega_n}(\delta=\pm5\%) \tag{1.24}$$

1.2.3 Time Response of Mass-Spring-Damping System

The mass-spring-damping system is shown in Fig. 1.5a. When a step input signal with 2N amplitude is subjected to this system, the movement rule of the mass m is shown in Fig. 1.5b.

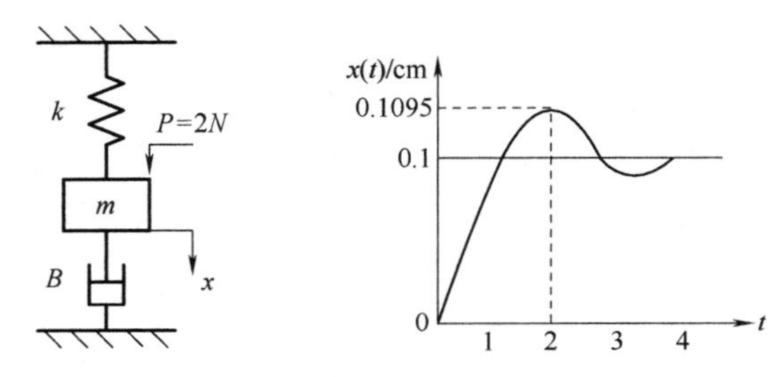

a) Schematic diagram of the system　　b) Response curve of the system

Fig. 1.5　The mass-spring-damping system and its response curve

The closed loop transfer function of this mass-spring-damping system according to Fig. 1.5a is

$$\frac{X(s)}{P(s)}=\frac{1}{ms^2+Bs+k} \tag{1.25}$$

Comparing the Eq. (1.25) with the general form Eq. (1.1) of the second-order system,

$$\omega_n^2=\frac{k}{m} \tag{1.26}$$

$$2\zeta\omega_n=\frac{B}{m} \tag{1.27}$$

1.3 Experimental Procedure

1.3.1 System Parameter Identification Experiment 1

Step1　Configure the experimental hardware system as follows:

1) Install 2 kg weights on the mass block 1.

2) Mass block 1 is fitted with a spring whose

Introduction video of mass-spring-damping mechanical vibration experimental system parameter identification experimental steps elastic coefficient is 980N/m on the left and suspended on the right.

3) Remove the rod connected with the driving machine on the left side of mass block 1. Completely detach the mass block 1 from the motor part.

After finishing the above steps, the experimental system can be simplified to the model shown in Fig. 1. 6, which is called "system parameter identification experiment 1".

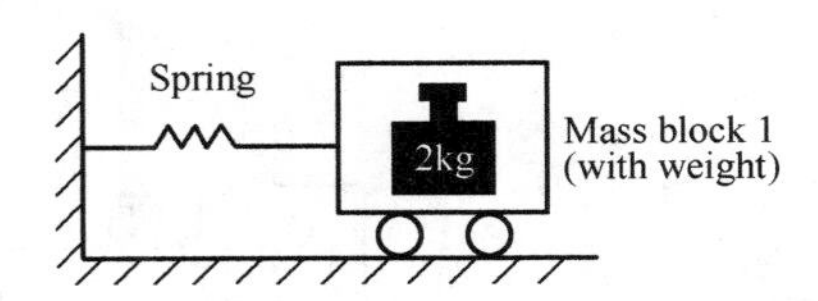

Fig. 1. 6 System parameter identification experiment 1

Step2 Configure the experimental software system as follows:

1) Open TwinCAT to enter operation mode.

2) Open the HMI interface, enter the system parameter identification experiment, and zero the data of the two raster rulers by clicking the button in the interface.

3) Open the Scope interface and start recording the raster ruler data waveform.

Step3 Follow these steps below to apply a step input to the system and obtain the response curve and data:

1) Move mass block 1 to the left by a distance of 3cm to compress the spring and release it after about 1s. Mass block 1 oscillates from side to side and stops gradually. At the same time, the Scope interface of TwinCAT software will display the data waveform of raster ruler in real time. After the oscillation, the waveform recording is paused and the waveform is obtained.

2) In the Scope interface, the mouse operation is used to obtain the point-in-time data of several complete oscillation periods. According to the time data, the damped natural frequency ω_{d_1}, the damping ratio ζ_1 and undamped natural frequency ω_{n_1} of experiment 1 can be calculated.

1. 3. 2 System Parameter Identification Experiment 2

On the basis of system parameter identification experiment 1, the 2kg weights installed on mass block 1 are removed, and the other conditions remain unchanged. Make the quality of the system contain only the bracket part of the mass block 1, repeat the whole process of experiment 1, and record it as "system parameter identification experiment 2". According to the experimental results, the damping ratio ζ_2 and undamped natural frequency ω_{n_2} are evaluated.

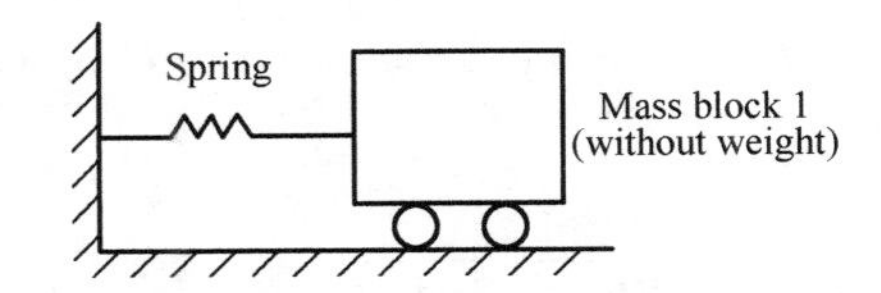

Fig. 1. 7 System parameter identification experiment 2

1.3.3 System Parameter Identification Experiment 3 and 4

System parameter identification experiments 1 and 2 are for mass block 1. Experiment 3 and 4 will repeat the above two experiments for Mass 2. Limit the degree of freedom of the mass 1 in the left and right directions with the limit bolts to fix the mass 1. Then the experimental system can be simplified to the model shown in Fig. 1.8. Repeat the steps of Experiment 1 and Experiment 2, ω_{n_3}, ζ_3 and ω_{n_4}, ζ_4 can be obtained.

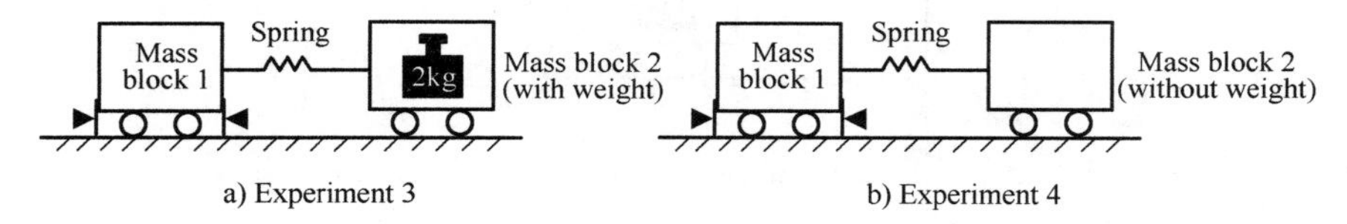

Fig. 1.8 System parameter identification experiment 3 and 4

1.3.4 System Parameter Identification Experiment 5

On the basis of the configuration of experiment 3, the right side of mass block 2 is connected to the cylinder damper, and 2kg weights are installed in mass block 2. The experimental system can be simplified to the model shown in Fig. 1.9, which is called "system parameter identification experiment 5".

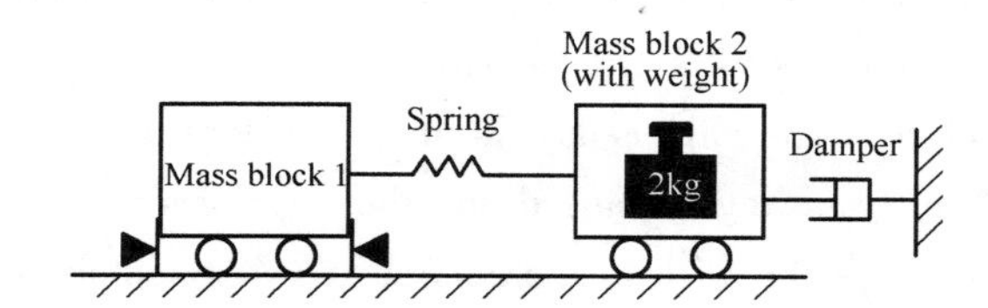

Fig. 1.9 System parameter identification experiment 5

Repeat the steps of experiment 3 (move mass block 2 to the left by a distance of 5cm). According to the obtained experimental results, the damping ratio ζ_q and the undamped natural frequency ω_{nq} of the system with dampers can be evaluated.

1.3.5 Parameter Calculation of Mass-Spring-Damping System

The waveform is obtained through the system parameter identification experiment, the undamped natural frequency ω_n can be obtained according to the time data, and the damping ratio ζ can be calculated from the percentage overshoot PO. Based on the above experimental data, the values of mass m, damping constant B and spring constant k in the transfer function of mechanical vibration system can be evaluated.

$$\frac{X(s)}{P(s)}=\frac{1}{ms^2+Bs+k}$$

1.4 Experimental Report

1.4.1 Basic Information of Experiment

Tab. 1.1 Basic information of experiment

Experiment name	Date of the experiment	Tutor	Team members

1.4.2 Experimental Data and Evaluation Process

First of all, select the coordinates 1, 2, 3, 4 and 5 on the response curve and record them in Tab 1.2 to calculate the oscillation period and percentage overshoot, respectively. Then, the parameters in Tab. 1.3 can be calculated according to the damped natural frequency and the percentage overshoot in Tab. 1.2, and the calculation process should be filled in.

Tab. 1.2 Experimental record of system parameter identification

Item	Coordinates		Oscillation period/s	damped natural frequency/rad · s^{-1})	Coordinates			Percentage Overshoot
	1	2			3	4	5	
Experiment 1								
Experiment 2								
Experiment 3								
Experiment 4								
Experiment 5								

Tab. 1.3 Experimental data and calculation process of system parameter identification

parameters	Value (with units)	remarks	evaluation process
ω_{n_1}		Mass block 1 weight+bracket undamped natural frequency	
ζ_1		Mass block 1 weight+bracket damping ratio	

（续）

parameters	Value（with units）	remarks	evaluation process
ω_{n_2}		Mass block 1 bracket only undamped natural frequency	
ζ_2		Mass block 1 bracket only damping ratio	
ω_{n_3}		Mass block 2 weight+bracket undamped natural frequency	
ζ_3		Mass block 2 weight+bracket damping ratio	
ω_{n_4}		Mass block 2 bracket only undamped natural frequency	
ζ_4		Mass block 2 bracket only damping ratio	
ω_{nq}		Mass block 2 weight+bracket with damper undamped natural frequency	
ζ_q		Mass block 2 weight+bracket with damper damping ratio	
m_w		Total mass of the weights (known)	
m_{c_1}		Mass block 1 bracket only quality	
m_{c_2}		Mass block 2 bracket only quality	
B_1		Mass block 1 damping constant	

（续）

parameters	Value (with units)	remarks	evaluation process
B_2		Mass block 2 damping constant	
k_{mid}		Spring measured elastic coefficient	

1.4.3 Analysis of Experimental Results

(1) In the process of obtaining the transfer function coefficients m, B and k of the mass-spring-damping system through experiments, which parameter has the largest error? What's the reason?

（2） Is it possible to calculate the damped natural frequency by using the peak time T_p? Compared with using the oscillation period to calculate the damped natural frequency, which method has more accurate data and less error?

Experiment 2 Mathematical Modeling and Simulation of Second-order System

2.1 Experimental Purpose

1) Taking mass-spring-damping system as an example, master the mathematical modeling and simulation methods of second-order system.

2) Observe transient response curve of second-order system, and compare the simulation results with the experimental results to verify the correctness of the model.

2.2 Experimental Principle

The experimental principle is the same as experiment 1.

2.3 Experimental Procedure

2.3.1 Experiment Preparation

Configure the experimental hardware system as follows:

1) Install 2kg weights for mass block 1.

2) Hang nothing on the right side of the mass block 1.

3) Connect the pinion and rack to the left side of the mass block 1 with the connecting rod to ensure that while the mass block 1 is in the zero scale position, the motor shaft gear is also engaged in the center position of the rack.

4) Install a spring with an elastic coefficient of 2900N/m on the left side of the mass block 1.

Due to the non-negligible damping of the motor and the connecting rod, the damper is not needed. After performing the above steps, the experimental system can be simplified to the model shown in Fig. 2.1, which is called the "mass-spring-damping system". In the torque mode, the output torque of the motor shaft acts on the mass block 1 through the gear and rack mechanism. The dynamic equation and transfer function of the system are determined.

2.3.2 Transfer Function Parameter Evaluation

From Experiment 1, the response curve can be obtained through the system parameter identification experiment, the undamped natural frequency ω_n can be obtained according to the time data,

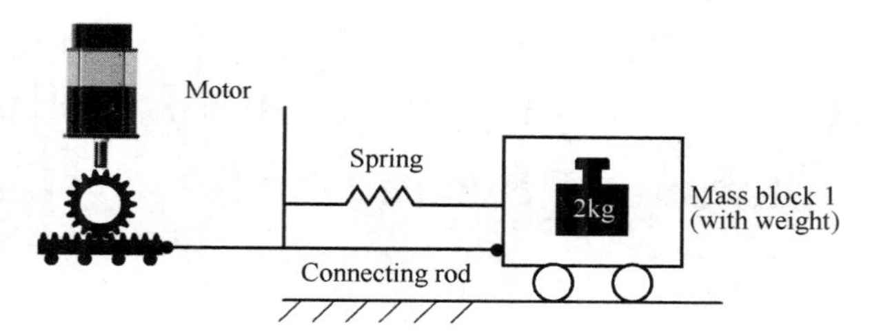

Fig. 2. 1 Mass-spring-damping system

and the damping ratio ζ can be calculated from the percentage overshoot PO. Then, the coefficients m, B and k of the transfer function of the mass-spring-damping system can be calculated to obtain the mathematical model.

$$\frac{X(s)}{P(s)}=\frac{1}{ms^2+Bs+k} \tag{2.1}$$

2. 3. 3 MATLAB Simulation

Before building the Simulink simulation model, it is necessary to calculate the hardware gain of the system. For the block diagram of the transfer function of the closed-loop control system shown in Fig. 2. 2, the input is the target value of the position of the mass block, and the output is the data measured by the grating ruler, and its dimension is the same as the input. K_i and K_o are input and output gains, respectively. The input of the K_i is the output of the servo controller, that is, the target torque T of the driver. The output of the K_i is the force F acting on the mass block 1 through the universal joint and the connecting rod. The input of K_o is the output of system response, and its unit is m. The output of K_o is the reading P of grating ruler.

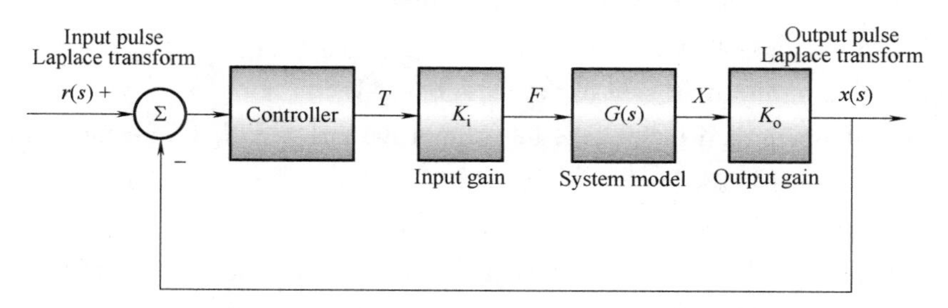

Fig. 2. 2 Block diagram of closed-loop control system

The relationship between T and the actual motor output torque T_o satisfies the following relationship

$$T_o=0.00127T\ (\mathrm{N \cdot m})$$

Because the radius of the gear in the gear rack mechanism is 2. 5 cm, the relationship between T and the force F actually acting on the mass block 1 satisfies the following relationship

$$F=\frac{T_o}{0.025}=0.0508T(\mathrm{N})$$

So

$$K_i = 0.0508 \tag{2.2}$$

The grating pitch of the grating ruler is 50lines/mm, and the read pulse number is the data after 4 times frequency multiplication. Therefore, there is the following relationship between the raster scale reading P and the actual position X of the mass block

$$P = 200000X$$

So

$$K_o = 200000 \tag{2.3}$$

Finally, the hardware gain of the system is

$$K_{hw} = K_i K_o = 10160 \tag{2.4}$$

According to the transfer function and System gain K_i, K_o obtained in section 2.3.2, the mathematical model of the system is built on the MATLAB Simulink platform. When the step input signal is applied, the step response signal of the system is obtained by simulation as shown in Fig. 2.3.

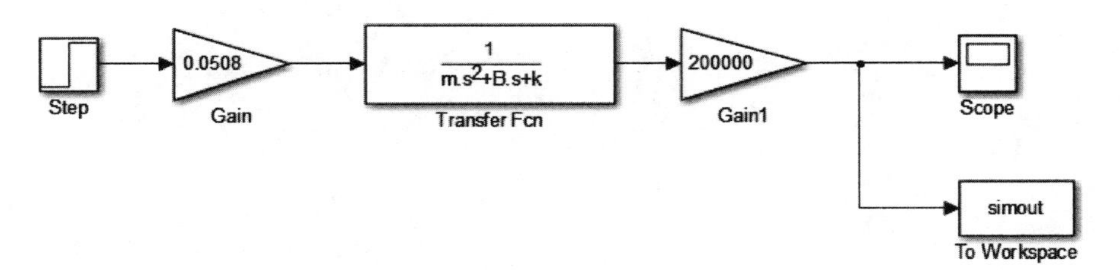

Fig. 2.3 Simulink simulation model

The model simulation configuration is shown in Fig. 2.4 and the step input signal is set as shown in Fig. 2.5. The step response of the system is obtained by running the simulation model, and the simulation result (frequency) can be calculated from the response curve. And further verify whether it is consistent with the experimental value of 2.3.2 parameter identification.

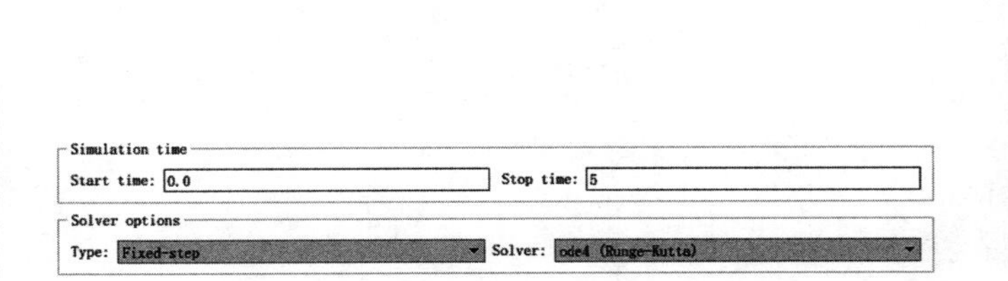

Fig. 2.4 Simulation setting

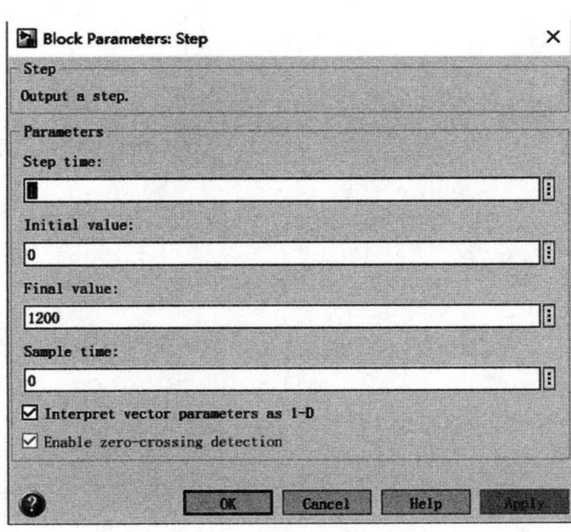

Fig. 2.5 Step signal setting

2.4 Experimental Report

2.4.1 Basic Information of Experiment

Tab. 2.1　Basic information of experiment

Experiment name	Date of the experiment	Tutor	Team members

2.4.2 Experimental Data and Evaluation Process

First, select coordinates 1 and 2 on the response curve that can be used to calculate the oscillation period, and coordinates 3, 4 and 5 that can be used to calculate the maximum percentage overshoot, and record them in Tab. 2.2. Then, calculate the parameters in Tab. 2.3 according to the values of damping natural frequency and maximum percentage overshoot in Tab. 2.2, and fill in the calculation process.

Tab. 2.2　Experimental record of system parameter identification

Item	Coordinates		Oscillation period/s	damped natural frequency/rad · s^{-1}	Coordinates			Percentage Overshoot
	1	2			3	4	5	
Experiment 1								
Experiment 2								

Tab. 2.3　Experimental data and calculation process of system parameter identification

parameters	Value (with units)	remarks	evaluation process
ω_{n_1}		Mass block 1 weight+bracket undamped natural frequency	
ζ_1		Mass block 1 weight+bracket damping ratio	
ω_{n_2}		Mass block 1 bracket only undamped natural frequency	

（续）

parameters	Value（with units）	remarks	evaluation process
ζ_2		Mass block 1 bracket only damping ratio	
m_w		Total mass of the weights (known)	
m_{c1M}		Mass block 1 connected motor bracket only quality	
B_1		Mass block 1 damping constant	
k_{hig}		Spring measured elastic coefficient	

(1) Attach the Simulink simulation model and the simulation response curve below.

(2) What is the difference between the simulation results (frequency) and the experimental results (frequency)?

2.4.3 Analysis of Experimental Results

Explain whether the Simulink simulation model can simulate the mass-spring-damping system well.

Experiment 3 PID Control

3.1 Experimental Purpose

1) Master the correction analysis method of PID regulator through this experiment.

2) Through this experiment, master the influence of each control unit of PID regulator on the system.

3.2 Experimental Principle

When determining the form of the correction device, we should first understand the control law that the correction device needs to provide in order to select the corresponding correction elements. Controllers including correction devices often adopt basic control laws such as proportional, integral and differential, or some combinations of these basic control laws (such as proportional-integral, proportional-differential, proportional-integral-differential, etc.) to realize the effective control of the controlled object.

Proportional-integral-differential control, referred to as PID control or PID regulation, is the most widely used control law in engineering practice. In time domain, the control law of PID regulator of continuous system is usuallyexpressed as

$$u(t) = K_p\left[e(t) + \frac{1}{T_i}\int_0^t e(\tau)\mathrm{d}\tau + T_d\frac{\mathrm{d}e(t)}{\mathrm{d}t}\right] \tag{3.1}$$

In the formula, $e(t)$ is the input and output error signal, K_p is the proportional gain coefficient, T_i is the integral time constant, and T_d is the differential time constant.

PID control law can be understood as a linear combination of past $\int_0^t e(\tau)\mathrm{d}\tau$, present $e(t)$ and future $\frac{\mathrm{d}e(t)}{\mathrm{d}t}$ errors. Its essence is to "eliminate errors based on error feedback".

The transfer function of the PID regulator can be written as

$$G_c(s) = K_p + \frac{K_i}{s} + K_d s \tag{3.2}$$

In which K_i and K_d are the integral gain coefficient and differential gain coefficient of the regulator, respectively. $K_i = \frac{K_p}{T_i}$, $K_d = K_p T_d$.

In the PID regulator, the regulating functions of proportion, integration and differentiation are independent. Proportional, integral and differential control are often called the basic control laws of linear systems.

3.2.1 Proportional Control

Proportional control is the simplest control method. The output $u(t)$ of the proportional controller is proportional to the error signal $e(t)$. Once the deviation occurs, the regulator will immediately produce control action, so that the controlled quantity will change in the direction of reducing the deviation. The speed of deviation reduction depends on the proportional coefficient K_p. The larger K_p is, the faster deviation is reduced. However, it is easy to cause oscillation, especially when there exist large hysteresis links in the system. With the decrease of K_p, the possibility of oscillation will decrease, but the adjustment speed will also slow down. It is difficult to give consideration to both steady-state and transient performance and requirements of the system by simple proportional control.

3.2.2 Integral Control

Output $u(t)$ of integral controller is proportional to integral $\int_0^t e(t)\mathrm{d}t$ of error signal $e(t)$. The function of integral control is to eliminate the steady-state error of the system and enhance the system's ability to resist high-frequency interference. The smaller the integral time constant T_i is, the stronger the integral effect is, but if the integral action is too strong, the stability of the system will be reduced. Pure integration will lead to phase lag and reduce the phase margin of the system, which is usually not used alone.

3.2.3 Differential Control

The output $u(t)$ of the differential controller is proportional to the differential $\frac{\mathrm{d}e(t)}{\mathrm{d}t}$ of the error signal $e(t)$, that is, the rate of change of the error. Differential controller can reflect the changing trend of error, and can correct the error before the error signal appears. Differential control can increase the cut-off frequency and phase angle margin, reduce the overshoot and setting time, so as to improve the rapidity and stationarity of the system. However, differential action can easily amplify high-frequency noise and reduce the signal-to-noise ratio of the system, thus reducing the interference suppression ability of the system, which is usually not used alone.

In view of the above analysis, in practical use, the basic laws of proportional, integral and differential control are applied to form a correction device through appropriate combination, which is added to the system to realize the effective control of the controlled object. The main task of the designer is to combine these links properly and determine the connection mode and their parameters. The commonly used regulators are proportional-integral (PI) regulator, proportional-differential (PD) regulator and proportional-integral-differential (PID) regulator. The control laws of these regulators are also regarded as the basic control laws of linear systems.

3.2.4 Proportional-Integral (PI) Control

The transfer function of the proportional-integral link is

$$G_c(s)=K_p\left(1+\frac{K_i}{K_p s}\right)=K_p\left(1+\frac{1}{T_i s}\right) \tag{3.3}$$

In series correction, PI regulator is equivalent to adding an open-loop pole located at the origin and an open-loop zero located at the left half s plane in the system. The pole located at the origin can improve the type of the system, eliminate or reduce the steady-state error of the system, improve the steady-state performance of the system, and increase the ability of the system to resist high-frequency interference. But it also increases the phase lag, reduces the bandwidth of the system and increases the setting time. The added negative real zero is used to improve the damping degree of the system and mitigate the adverse effects of PI regulator poles on the stability of the system. In the practice of control engineering, PI regulator is mainly used to improve the steady-state performance of the system. The PI regulator is suitable for situations where the object lags behind and the load changes greatly, but the change is slow and the control result is required to be error-free. This control law is widely used in pressure, flow rate, liquid level and specific objects without large time lag.

3.2.5 Proportional-Differential (PD) Control

The transfer function of the proportional-differential link is

$$G_c(s)=K_p\left(1+\frac{K_d}{K_p}s\right)=K_p(1+T_d s) \tag{3.4}$$

The differential control law in PD regulator can reflect the changing trend of input signals and generate effective early correction signals to increase the damping degree of the system, thus changing the stability of the system, adding an open-loop zero point of $-T_d$ to the system, improving the phase angle margin of the system and reducing the overshoot of the system, thus contributing to the improvement of the dynamic performance of the system. PD regulator not only improves the gain of high frequency band and increases the phase angle margin of frequency band near shear frequency, but also improves the shear frequency value and rapidity of the system. However, the increase of high-frequency gain may lead to saturation of the output of the actuator and reduce the system's ability to resist high-frequency interference. The PD regulator is suitable for situations where the object lags behind, the load changes little, the controlled variable changes infrequently, and the steady-state error is allowed to exist in the control requirements.

3.2.6 Proportional-Integral-Differential (PID) Control

The transfer function of the proportional-integral-differential link is

$$G_c(s)=K_p\left(1+\frac{1}{T_i s}+T_d s\right)=K_p\frac{T_d s^2+T_i s+1}{T_i s} \tag{3.5}$$

It can be seen from the transfer function that an open-loop pole located at the origin is added during PID correction, which improves the type of the system by one level, and at the same time, two negative real zeros are added. Compared with PI control, it not only has the advantages of improving the steady-state performance of the system, but also provides a negative real zero, which has greater advantages in improving the dynamic performance of the system. PID regulator mainly acts as PI regulator in low frequency band, which is used to improve the type of system, eliminate or reduce steady-state error, and improve the steady-state performance of the system. In the middle and high frequency, the PD regulator is mainly used to increase the shear frequency and phase angle margin, improve the response speed of the system, and effectively improve the dynamic performance of the system. Therefore, PID regulators are widely used in industrial process control. It is mainly applicable to the occasions where the object lags behind greatly, the load changes greatly but infrequently, and the control quality requirements are high.

3.3 Rigid Structure PID Control

3.3.1 Experimental Preparation

First, follow these steps to configure the mechanical system of the mass-spring-damping rigid structure:

1) Install 2kg weights on mass block 1.

2) The right side of mass block 1 is left vacant.

3) Install the connecting rod connected with the gear and rack mechanism on the left side of the mass block1, so that while the mass block 1 is in the zero scale position, the motor shaft gear just engages in the center of the rack.

After performing the above steps, the experimental system can be simplified to the model shown in Fig. 3.1, which is called " rigid structure PID control".

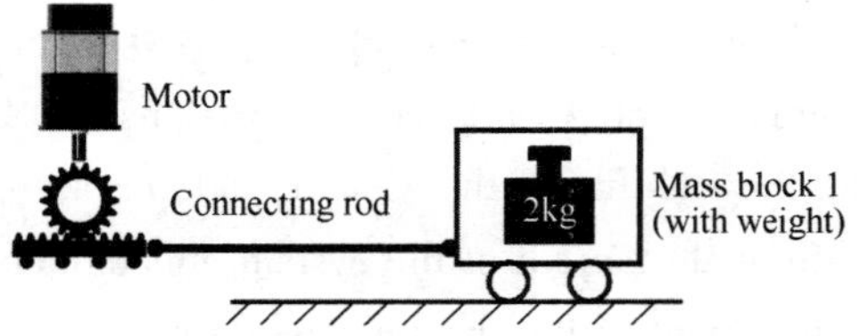

Fig. 3.1 Rigid structure PID control

3.3.2 Evaluation of Transfer Function

The driver works in the torque mode, which can accurately control the output torque of the motor shaft and act on the mass block through the gear and rack mechanism. So the mass block 1 dynamic model is shown in Fig. 3.2. Where m is the mass of mass block 1, x is the displacement of mass block 1, and F is the force applied on mass block 1, then the transfer function of the system is

$$G(s)=\frac{1}{ms^2} \tag{3.6}$$

On this basis, with the addition of PID controller, the control block diagram of mass-spring-damping PID closed-loop control system can be obtained as shown in Fig. 3.3. And the transfer function can be obtained as

$$G(s)=\frac{C(s)}{R(s)}=\frac{(K_{hw}k_d)s^2+(K_{hw}k_p)s+(K_{hw}k_i)}{ms^3+(K_{hw}k_d)s^2+(K_{hw}k_p)s+(K_{hw}k_i)} \tag{3.7}$$

Fig. 3. 2 Rigid structure PID dynamic model

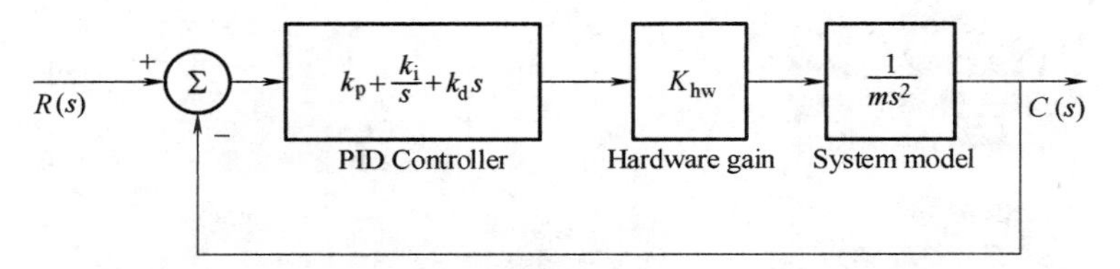

Fig. 3. 3 Block diagram of rigid structure PID closed-loop control system

3. 3. 3 P Controller

In the closed-loop transfer function, you can get the function by setting $k_d=0$, $k_i=0$.

$$c(s)=\frac{x(s)}{r(s)}=\frac{K_{hw}k_p}{ms^2+K_{hw}k_p}=\frac{\frac{K_{hw}k_p}{m}}{s^2+\frac{K_{hw}k_p}{m}}$$

The characteristic equation is

$$s^2+\frac{K_{hw}k_p}{m}=0$$

As a result,

$$\zeta=0 \tag{3.8}$$

$$\omega=\sqrt{\frac{K_{hw}k_p}{m}} \tag{3.9}$$

Substitute the oscillation frequency values 4Hz and 5Hz into Eq. (3. 9), calculate the values of k_p and fill them in Tab. 3. 1. Where m is the mass of the weighted mass block 1 measured in the experiment 1.

Tab. 3. 1 Calculation of experimental parameters of P controller

f	K_{hw}	m	k_p
4Hz	10160		
5Hz	10160		

Configure the experimental equipment according to the instructions in section 3. 3. 1, and carry out experiments according to the two kinds of k_p values to verify whether the theoretically evaluated k_p values can satisfy the design requirements.

Enter the rigid structure PID control experiment interface in the HMI interface, as shown in Fig. 3. 4 and do the following in order:

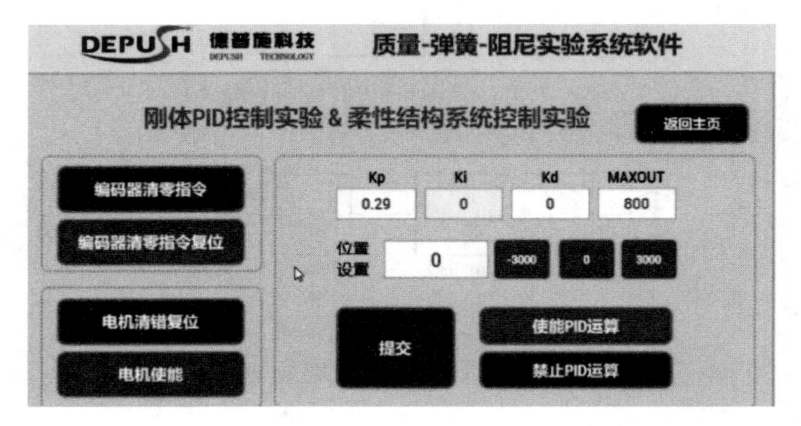

Fig. 3. 4　Rigid structure PID control experiment interface

Introduction video of the rigid structure PID control experimental steps

1) Move the mass block 1 to the zero scale position of the ruler.

2) Power on the experimental system.

3) Through the relevant buttons in the software interface, perform encoder zeroing and motor error clearing and enabling operation.

4) Enter the parameters in Tab. 3. 2 in the PID parameter input box. The value of k_p is calculated in table 3. 1.

Tab. 3. 2　Experimental parameter input box of P controller

k_p	(Ref to Tab. 3. 1)
k_i	0
k_d	0
MAX Out	800
Position setting	0

5) Press the "Submit" and the "Enable PID operation" button, motor should start to output torque. At this time, if there is any abnormal vibration of the motor, you must immediately press the emergency stop button and check whether the equipment and software parameters are set correctly.

6) Click the "Record" button in the Scope interface to start recording the waveform.

7) Gently move the mass block 1 to the left 2cm by hand, release it after about 1, and record the waveform.

8) After the experiment, disable the PID operation after disabling the motor.

At the end of the experiment, disable the PID operation and disable the motor.

Record the oscillation frequency f_{exp} of the response curve obtained from the experiment in Tab. 3. 3 and compare it with the set frequency f.

Tab. 3. 3　Experimental results of p controller

Item	f	f_{exp}	$f_{exp}-f$
1	4Hz		
2	5Hz		

3. 3. 4　PD Regulator

In the closed-loop transfer Eq. (3. 7), setting $k_i=0$, the closed-loop transfer function with PD regulator can be obtained as follows

$$c(s)=\frac{x(s)}{r(s)}=\frac{\frac{(K_{hw}k_d)}{m}s+\frac{(K_{hw}k_p)}{m}}{s^2+\frac{(K_{hw}k_d)}{m}s+\frac{(K_{hw}k_p)}{m}}$$

The characteristic equation is

$$s^2+\frac{(K_{hw}k_d)}{m}s+\frac{(K_{hw}k_p)}{m}=0$$

As a result,

$$\zeta=\frac{K_{hw}k_d}{2\sqrt{K_{hw}k_p m}} \tag{3. 10}$$

$$\omega=\sqrt{\frac{K_{hw}k_p}{m}} \tag{3. 11}$$

Substitute two groups of damping ratio ζ and oscillation frequency f parameters in Tab. 3. 4 into Eq. (3. 10) and Eq. (3. 11) respectively. The values of k_p and k_d are calculated and filled in Tab. 3. 4. Where m is the mass-spring-damping system mass measured in the system parameter identification experiment. The experimental hardware system is configured based on section 3. 3. 1, and then the experiment is carried out to obtain the response curve (The specific operation of the experiment is as same as section 3. 3. 3).

Tab. 3. 4　Calculation of experimental parameters of PD regulator

Item	ζ	f	K_{hw}	m	k_p	k_d
1	0. 2	4Hz	10160			
2	2	4Hz	10160			

Through experiments, the optimal damping ratio is selected in a safe range ($0.2\leq\zeta\leq2$) so that the response curve has no overshoot and the rising speed is fast (The specific operation of the experiment is as same as section 3. 3. 3). The damping ratio, corresponding k_p, k_d, overshoot M_{Tp} and rising time T_r obtained from each experiment are filled in Tab. 3. 5. Record the results in the Tab. 3. 7 of the secton 3. 5. 2.

Tab. 3. 5 Selection of optimal damping ratio in PD regulator experiment

Item	f	ζ	k_p	k_d	M_{Tp}	T_r
1	4Hz					
2	4Hz					
3	4Hz					
4	4Hz					

3. 3. 5 PID Regulator

On the basis of PD controller, add integral element I. Compare the difference between complete PID regulator and PD regulator through experiments.

(1) $k_i = 0$ Select the optimal damping parameters of PD regulator and set $k_i = 0$. Input the position 3000 in the software interface and carry out experiments to obtain the response curve. (The specific operation of the experiment is the same as section 3. 3. 3). Record the results in the Tab. 3. 7 of the section 3. 5. 2.

(2) $k_i = 0.5$ Set $k_i = 0.5$ and repeat the above experiment. Observe the influence of the integral element I on the experimental effect, and obtain the response curve. Record the results in the Tab. 3. 7 of the section 3. 5. 2.

3. 4 Flexible PID Control

3. 4. 1 Experimental Preparation

Follow these steps to configure the mechanical system of the mass-spring-damping flexible structure:

1) Install 2kg weights on mass block 1.

2) The right side of mass block 1 is left vacant.

3) Install the connecting rod connected with the gear and rack mechanism on the left side of the mass block 1, so that while the mass block 1 is in the zero scale position, the motor shaft gear just engages in the center of the rack.

4) Install a spring with elastic coefficient of 980N/m on the left side of mass block 1.

After performing the above steps, the experimental system can be simplified to the model shown in Fig. 3. 5, which is called "flexible structure PID control".

3. 4. 2 Evaluation of Transfer Function Parameters

The dynamic model of the flexible structure is shown in Fig. 3. 5. Where m is the mass of mass

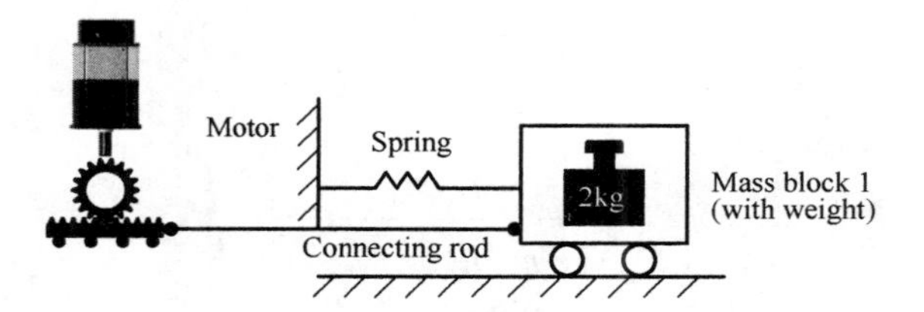

Fig. 3. 5　Flexible structure PID control

block 1, x is the displacement of mass block 1, F is the force applied on mass block 1, and k_{mid} is the elastic coefficient of the spring. The transfer function of the system is

$$G(s)=\frac{1}{ms^2+k_{mid}} \tag{3.12}$$

On this basis, with the addition of PID controller, the block diagram of flexible structure PID closed-loop control system can be obtained as shown in Fig. 3. 6. And the transfer function can be obtained as

$$G(s)=\frac{X(s)}{R(s)}=\frac{(K_{hw}k_d)s^2+(K_{hw}k_p+k_{mid})s+(K_{hw}k_i)}{ms^3+(K_{hw}k_d)s^2+(K_{hw}k_p+k_{mid})s+(K_{hw}k_i)} \tag{3.13}$$

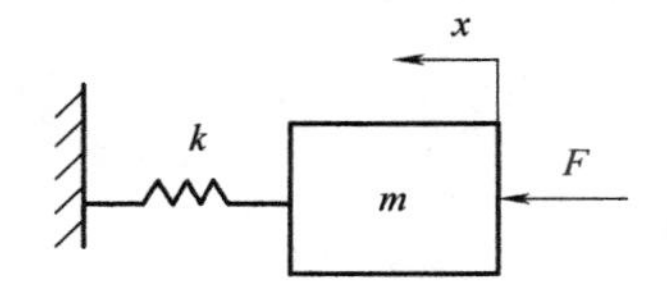

Fig. 3. 6　Flexible PID dynamic model

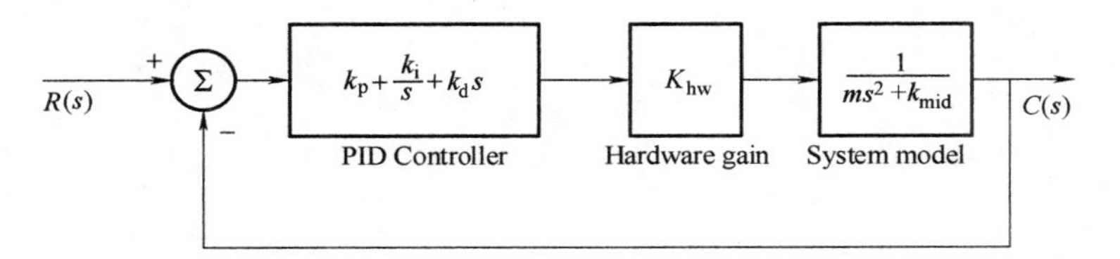

Fig. 3. 7　Block diagram of flexible PID closed-loop control system

3. 4. 3　PD Regulator

You can get the following function by setting $k_i=0$ in the closed-loop transfer function (3. 13).

$$c(s)=\frac{x(s)}{r(s)}=\frac{\frac{(K_{hw}k_d)}{m}s+\frac{(K_{hw}k_p+k_{mid})}{m}}{s^2+\frac{(K_{hw}k_d)}{m}s+\frac{(K_{hw}k_p+k_{mid})}{m}}$$

The characteristic equation is

$$s^2+\frac{(K_{hw}k_d)}{m}s+\frac{(K_{hw}k_p+k_{mid})}{m}=0$$

As a result,

$$\zeta=\frac{K_{hw}k_d}{2\sqrt{m(K_{hw}k_p+k_{mid})}} \tag{3.14}$$

$$\omega=\sqrt{\frac{K_{hw}k_p+k_{mid}}{m}} \tag{3.15}$$

Let the oscillation frequency f be 4Hz, and take the optimal damping ratio selected in section 3.3.4 and substitute it into Eq. (3.14) and Eq. (3.15) to calculate the values of k_p and k_d Next, carry out the experiment and obtain the response curve (the specific operation of the experiment is the same as section 3.3.4). Then record the results in the Tab. 3.7 of the section 3.5.2.

3.4.4 PID Regulator

On the basis of PD controller, add integral element I. Compare the difference between complete PID controller and PD controller in controlling flexible structures through experiments. On the basis of section 3.4.3 PD regulator experiment, set k_i to 0.5 and obtain the response curve. Then record the results in the Tab. 3.7 of the section 3.5.2.

3.5 Experimental Report

3.5.1 Basic Information of Experiment

Tab. 3.6 Basic information of experiment

Experiment name	Date of the experiment	Tutor	Team members

3.5.2 Experimental Data and Evaluation Process

Tab. 3.7 Experimental date

Item	Experiment	Overshoot M_{T_p}	Rise time T_r	Steady state value $y(\infty)$
1	Rigid Structure PD Regulator			
2	Rigid PID Regulator $k_i=0$			
3	Rigid PID Regulator $k_i=0.5$			
4	Flexible PD Regulator			
5	Flexible PID Regulator			

(1) Evaluation process of P and D parameters of the item 1~3.

(2) Evaluation process of P and D parameters of the item 4 and 5.

(3) Attach your experimental response curve.

3.5.3 Analysis of Experimental Results

(1) A brief analysis of the regulating function of P controller.

(2) A brief analysis of the regulating function of I controller.

(3) A brief analysis of the regulating function of D controller.

(4) What kind of system is suitable to be controlled by PD regulator? What kind of system is suitable for PI regulator?

Experiment 4 Open Experiment——Free Vibration Modal Analysis of Two-Degree-of-Freedom System

This section will study and verify the two modes and their natural frequencies of the two-degree-of-freedom system. Firstly, configure the mass-spring-damping two-degree-of-freedom system according to the following steps:

1) Remove the limit bolts of the two mass blocks so that they can move freely.

2) Install 2kg weights on two mass blocks respectively.

3) Remove the connecting rod connected to the gear and rack mechanism on the left side of mass block 1.

4) The cylinder damper is not connected with the mass block.

5) Springs with elastic coefficients of 980N/m are respectively installed on the left and right sides of the two mass blocks.

After performing the above steps, the experimental system is simplified to the model shown in Fig. 4. 1, which is called "free vibration model of two-degree-of-freedom system".

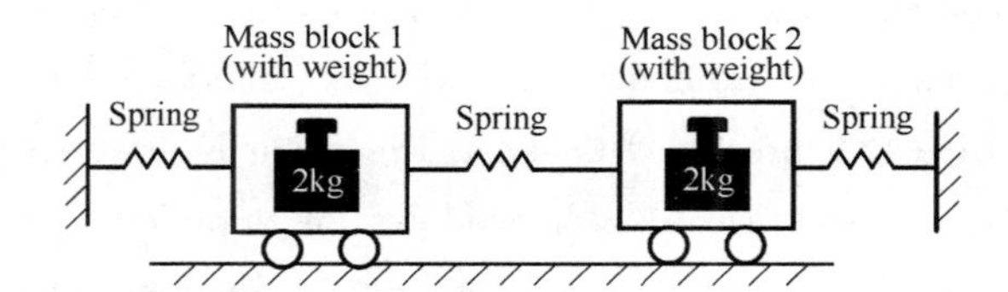

Fig. 4. 1 Free vibration model of two-degree-of-freedom system

The system has two modes and two natural frequencies. The first mode is that two mass blocks move the same distance in the same direction at the same time. Observe the oscillation law of the mass, record the oscillation frequency at this time, and record it as the natural frequency of the first mode. The second mode is that two mass blocks move the same distance in the opposite direction at the same time. Observe the oscillation law of the mass, record the oscillation frequency at this time, and record it as the natural frequency of the second mode. The relationship between the natural frequencies of the first and second modes and the mass m and spring stiffness k are summarized (m is the data obtained in Experiment 1).

In general, two modes of the system can be inspired by any initial condition.

While keeping one mass still, move the other mass 2. 0cm in any direction and release it. Observe the irregular free vibration response curve of two mass blocks. The relationship between the frequency of free vibration response signal and the natural frequencies of two modes is summarized.

Part Two Quanser QUBE-Servo 2 Experimental System

Ⅱ.1 Experimental Hardware System

Introduction video of QUBE-Servo 2 hardware system

The Quanser QUBE-Servo 2, pictured in Fig. Ⅱ.1, is a compact rotary servo system that can be used to perform a variety of classic servo control and inverted pendulum based experiments. The QUBE-Servo 2 can be configured with either the QFLEX 2 USB or QFLEX 2 Embedded interface modules. The QFLEX 2 USB allows control by a computer via USB connection. The QFLEX 2 Embedded allows for control by a microcontroller device such as an Arduino via a 4-wire SPI interface. For all versions, the system is driven using a direct-drive 18V brushed DC motor. The motor is powered by a built-in PWM amplifier with integrated current sense. Two add-on modules are supplied with the system: an inertia disc and a rotary pendulum. The modules can be easily attached or interchanged using magnets mounted on the QUBE-Servo2 module connector. Single-ended rotary encoders are used to measure the angular position of the DC motor and pendulum, and the angular velocity of the motor can also be measured using an integrated software-based tachometer. Detailed hardware system components and installation instructions are included in Appendix.

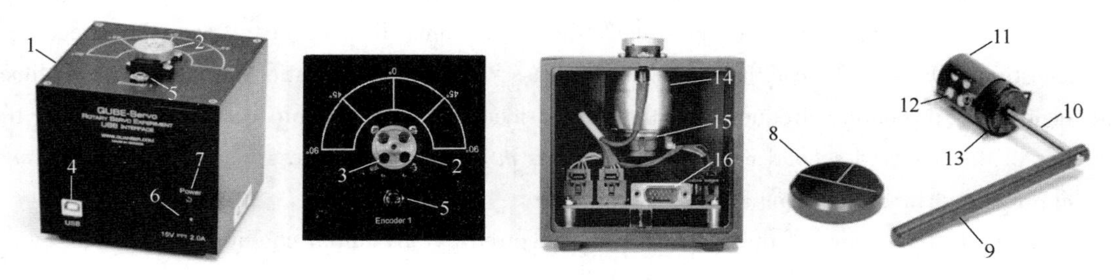

Fig. Ⅱ.1 Quanser QUBE-Servo 2

1—Aluminum chassis 2—Module connector 3—Module connector magnets 4—USB DAQ connector 5—Module encoder connector 6—Power connector 7—Power LED 8—Inertial disc 9—Pendulum link 10—Rotary arm rod 11—Rotary arm hub 12—Rotary pendulum magnets 13—Pendulum encoder 14—DC motor 15—Motor encoder 16—QUBE-Servo DAQ/Amplifier board

Ⅱ.2　Experimental Software System

Ⅱ.2.1　MATLAB Introduction

MATLAB language originated from matrix operation, and has developed into a brand-new computer advanced programming language with wide application prospect. MATLAB can perform matrix operations, draw functions and data, implement algorithms, create user interfaces, and connect other programming programs. It provides a powerful tool for the design and simulation of control system.

The MATLAB system consists of these five elements:

(1) **Development environment**　This part of MATLAB is a set of tools and facilities that are used to access and interface with the MATLAB functions and libraries. It includes: the MATLAB desktop and command window, an editor and debugger, a code analyzer, browsers for viewing help, the workspace, and other tools.

(2) **Mathematical Function Library**　MATLAB includes an extensive library of computational algorithms ranging from elementary functions, like sum, sin, cos, and complex arithmetic, to more sophisticated functions like matrix inverse, matrix eigenvalues, Bessel functions, and fast Fourier transforms.

(3) **The Language**　The MATLAB language is a high-level matrix/array language with control flow statements, functions, data structures, input/output, and object-oriented programming features. Using the MATLAB language you can create both small quick-and-dirty scripts to automate specific tasks, and large-scale complex applications for repeated efficient reuse.

(4) **Graphics**　MATLAB has extensive facilities for displaying vectors and matrices as graphs. In addition, it also includes high-level functions for two-dimensional and three-dimensional data visualization, image processing, animation, and presentation graphics. There are also tools and facilities to fully customize the appearance of generated graphics as well as build complete graphical user interfaces for your MATLAB applications.

(5) **External Interfaces**　The external interfaces library allows you to write C and Fortran programs that interact with MATLAB. It also includes facilities for calling routines from MATLAB (dynamic linking), and for reading and writing MAT-files.

Ⅱ.2.2　Simulink Introduction

Simulink is a software package for MATLAB that models, simulates and analyzes dynamic systems. In essence, the software provides a GUI for building models as block diagrams. A comprehensive library of the block elements that are used to build models is included, with tools to create or import custom blocks. Simulink is widely used in complex simulation and design of control theory and digital signal processing because of its wide adaptability, clear structure and high efficiency.

Ⅱ.2.3 QUARC Introduction

QUARC is Quanser's rapid prototyping and production system for real-time control. QUARC integrates seamlessly with Simulink to allow Simulink models to be run in real-time on a variety of targets. In essence, QUARC facilitates the creation of Simulink models that are able to run in real-time on and off the PC.

Experiment 5 System Integration Experiment

Before the experiment begins, you should be familiar with QUBE-Servo 2 user manual and master Simulink basic modeling. The following experiments can only be carried out after the installation and testing of QUBE-Servo 2 is completed and the inertia disc is installed on QUBE-Servo 2.

5.1 Experimental Purpose

1) Get familiar with the Quanser QUBE-Servo 2 Rotary Servo Experiment hardware through this experiment.

2) Realize the interaction between QUARC and QUBE-Servo 2 system through this experiment.

3) Master the calibration of sensors in QUARC controller through this experiment.

5.2 Experimental Principle

(1) QUARC software The QUARC software is used with Simulink to interact with the hardware of the QUBE-Servo 2 system. QUARC is used to drive the DC motor and read angular position of the disc (type "doc quarc" in Matlab to access QUARC documentation and demos). The basic steps are as follows:

1) Creat a Simulink model by the QUARC targets library to realize the interactior with the installed data acqwisition device.

2) Build the real-time code.

3) Execute the code.

(2) DC motor Direct-current motors are used in a variety of applications. As discussed in the QUBE-Servo 2 User Manual, the QUBE-Servo 2 has a brushed DC motor that is connected to a PWM amplifier.

(3) Encoders Similar to rotary potentiometers, encoders can also be used to measure angular position. There are many types of encoders but one of the most common is the rotary incremental optical encoder, shown in Fig. 5. 1. Unlike potentiometers, encoders are relative. The angle they measure depends on the last position and when it was last powered.

The encoder has a coded disc that is marked with a radial pattern. This disc is connected to the shaft of the DC motor. As the shaft rotates, a light from a LED shines through the pattern and is picked up by a photo sensor. This effectively generates the A and B signals shown in Fig. 5. 2. An index pulse is triggered once for every full rotation of the disc, which can be used for calibration or homing a system.

Fig. 5. 1 US Digital incremental rotary optical shaft encoder

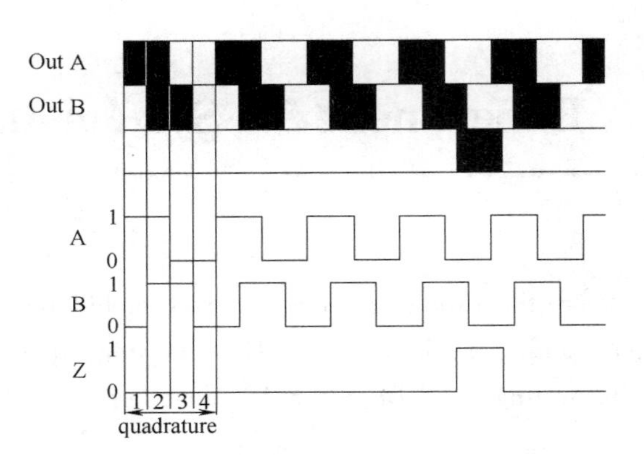

Fig. 5. 2 Optical incremental encoder signals

The A and B signals generated from the rotation of the motor shaft will generate the count through the decoding algorithm. The resolution of the encoder depends on the coding of the disc and the decoder. For example, a single encoder with 512 lines on the disc can generate a total of 512 counts for every rotation of the encoder shaft. However, in a quadrature decoder as depicted in Fig. 5. 2, the number of counts (and thus its resolution) quadruples for the same line patterns and generates 2048 counts per revolution. This can be explained by the offset between the A and B patterns: Instead of a single strip being either on or off, now there is two strips that can go through a variety of on/off states before the cycle repeats. This offset also allows the encoder to detect the directionality of the rotation, as the sequence of on/off states differs for a clockwise and counter-clockwise rotation.

5. 3 Experimental Procedure

In this lab, we will construct a Simulink model using QUARC blocks to drive the DC motor and then measure its corresponding angle as shown in Fig. 5. 3.

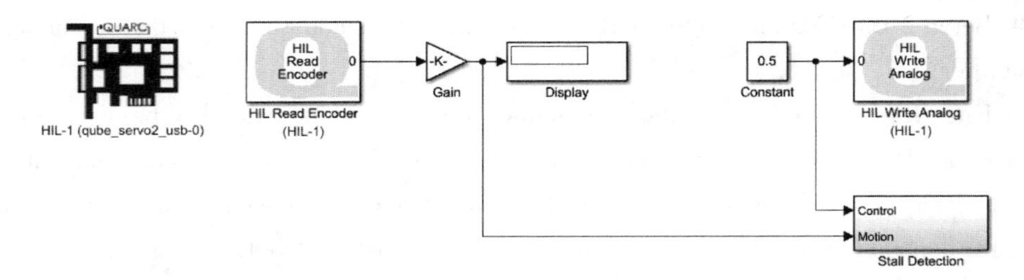

Fig. 5. 3 Simulink model of driving motor and reading angle on QUBE-Servo 2

5. 3. 1 Configuring a Simulink Model for the QUBE-Servo 2

Build a Simulink using QUARC to realize the connection with QUBE-Servo 2 The steps are as fouows:

1) Load the MATLAB software. Create a new Simulink diagram by going to File | New | Model item in the menu bar.

Introduction video of QUBE-Servo 2 system integration experimental steps

2) Open the Simulink Library Browser window by clicking on the View | Library Browser item in the Simulink menu bar or clicking on the Simulink icon.

3) Expand the QUARC Targets item and go to the Data Acquisition | Generic | Configuration folder, as shown in Fig. 5. 4.

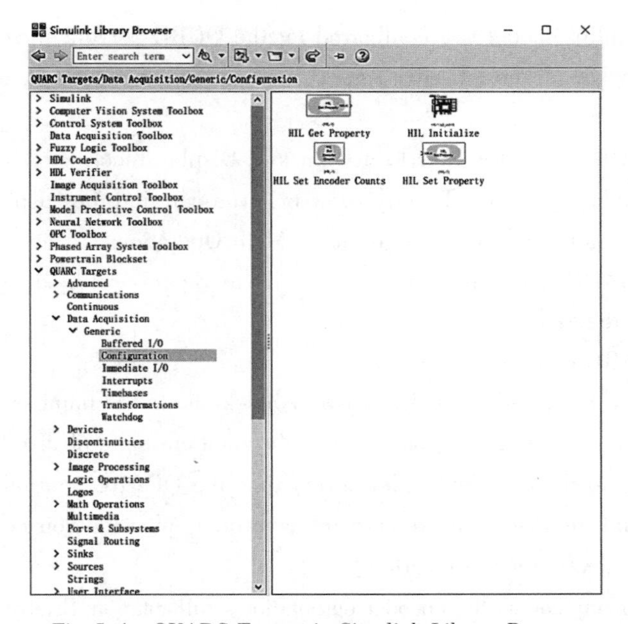

Fig. 5. 4 QUARC Targets in Simulink Library Browser

4) Click-and-drag the HIL Initialize block from the library window into the blank Simulink model. This block is used to configure your data acquisition device.

5) Double-click on the HIL Initialize block. Make sure theQUBE-Servo 2 is connected to your PC USB port and the USB Power LED is lit green.

6) In the Board type field, selectqube_servo2_usb.

7) Go to the QUARC | Set default options item to set the correct Real-Time Workshop parameters and setup the Simulink model for external use (as opposed to the simulation mode).

8) Select the QUARC | Build item. Various lines in the MATLAB Command Window should be displayed as the model is being compiled. This creates a QUARC executable file (. exe) which we will commonly refer to as a QUARC controller.

9) Run the QUARC controller. To do this, go to the Simulink model tool bar, shown in Fig. 5. 5, and click on the Connect to target icon and then on the Run icon. You can also go QUARC | Start to run the code. The Power LED on the QUBE-Servo 2 (or your DAQ card) should be blinking.

10) If you successfully ran the QUARC controller without any errors, then you can stop the

code by clicking on the Stop button in the tool bar (or go to QUARC | Stop).

Fig. 5. 5 Simulink model toolbar: connect to target and compilation

5. 3. 2 Reading the Encoder

Follow these steps to read the encoder:

1) Using the Simulink model you configured for the QUBE-Servo 2 in section 5. 3. 1, add the HIL Read Encoder block from the QUARC Targets | Data Acquisition | Generic | Timebases category in the Library Browser.

2) Connect the HIL Read Encoder to a Gain and Display block similar to Fig. 5. 3 (without the HIL Write Analog block). In the Library Browser, you can find the Display block from the Simulink | Sinks and the Gain block from Simulink | Math Operations.

3) Build the QUARC controller. The code needs to be re-generated again because we have modified the Simulink diagram.

4) Run the QUARC controller.

5) Rotate the disc back and forth. The Display block shows the number of counts measured by the encoder. The encoder counts are proportional to the rotation angle of disc.

6) What happens to the encoder reading every time the QUARC controller is started? Stop the controller, move around the disc, and re-start the controller. What do you notice about the encoder measurement when the controller is re-started?

7) Measure how many counts the encoder outputs for a full rotation. Briefly explain your procedure to determine this and validate that this matches the specifications given in the QUBE-Servo 2 User Manual.

8) Ultimately we want to display the disc angle in degrees, not counts. Set the Gain block to a value that converts counts to degrees. This is called the sensor gain. Run the QUARC controller and confirm that the Display block shows the angle of the disc correctly.

5. 3. 3 Driving the DC Motor

1) Add the HIL Write Analog block from the Data Acquisition | Generic | Immediate I/O category into your Simulink diagram. This block is used to output a signal from analog output channel #0 on the data acquisition device. This is connected to the on-board PWM amplifier which drives the DC motor.

2) Add the Constant block found in the Simulink | Sources folder to your Simulink model. Connect the Constant and HIL Write Analog blocks together, as shown in Fig. 5. 3.

Note: The Stall Monitor block, part of the stall Detection block, is suggested to be added to Fig. 5. 3 and Fig. 5. 6. This block will monitor the applied voltage and speed of the DC motor to ensure that it does not stall. If the motor is motionless for more than 20s with an applied voltage of over ±5V, the simulation is halted to prevent the QUBE-Servo 2 from overheating and subsequent potential damage to the motor.

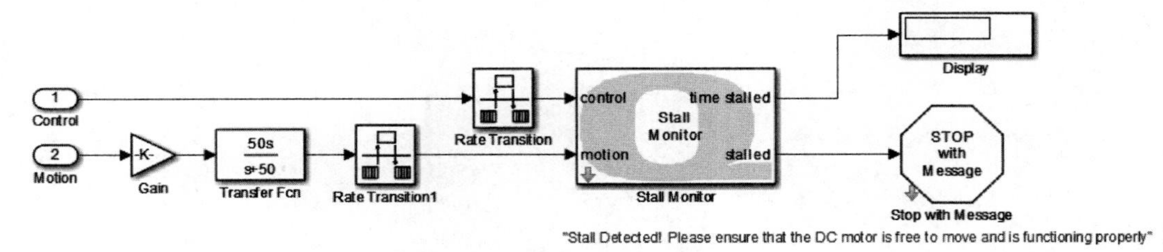

Fig. 5. 6 Stall Detection Subsystem

3) Build and run the QUARC controller.

4) Set the Constant block to 0. 5. This applies 0. 5V to the DC motor inthe QUBE-Servo 2. Confirm that we are obtaining a positive measurement when a positive signal is applied. This convention is important, especially in control systems when the design assumes the measurement goes up positively when a positive input is applied. Finally, in what direction does the disc rotate (clockwise or counter-clockwise) when a positive input is applied?

5) Stop the QUARC controller.

6) Turn off the power of QUBE-Servo 2.

5.4 Experimental Report

5.4.1 Basic Information of Experiment

Tab. 5.1 Basic information of experiment

Experiment name	Date of the experiment	Tutor	Team members

5.4.2 Experimental Data and Evaluation Process

(1) What happens to the encoder reading every time the QUARC controller is started in step 6) of the section 5.3.2? What do you notice about the encoder measurement when the controller is restarted?

（2） How many counts the encoder outputs for a full rotation in step 7） of the section 5. 3. 2? Briefly explain your procedure to determine this and validate that this matches the specifications given in the QUBE-Servo 2 User Manual.

（3） In step 4） of the section 5. 3. 3, when a positive voltage is applied, does the disc rotate clockwise or counter-clockwise? Explain the reasons.

Experiment 6 Filtering Experiment

6.1 Experimental Purpose

1) Through this experiment, master the method of measuring the servo velocity of system with encoder.

2) Master the use of low-pass filter through this experiment.

6.2 Experimental Principle

A low-pass filter can be used to block out the high-frequency components of a signal. A first-order low-pass filter transfer function has the form

$$G(s)=\frac{\omega_b}{s+\omega_b} \tag{6.1}$$

where ω_b is the cut-off frequency of the filter (rad/s). All higher frequency components of the signal will be attenuated by at least 3 dB (about 50%).

6.3 Experimental Procedure

Based on the model developed in the QUBE-Servo 2 integration experiment, the goal is to design a model that measures the servo velocity using the encoder as shown in Fig. 6.1. Specific experimental steps are as follows.

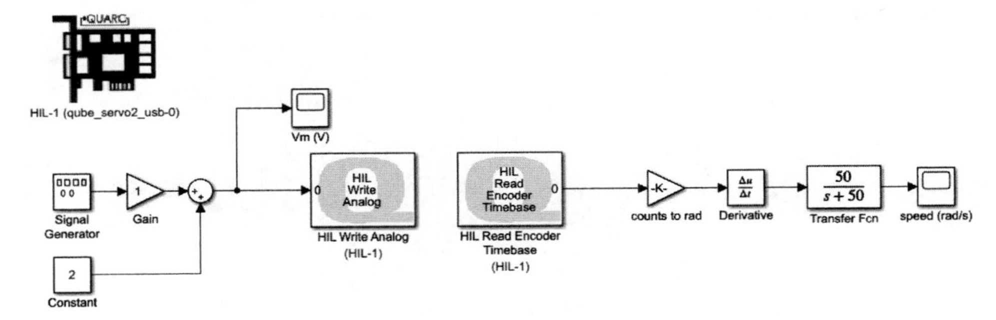

Fig. 6.1 Simulink model of measuring servo system speed with encoder

1) Take the model you developed in the QUBE-Servo 2 integration lab. Change the encoder calibration gain to measure the gear position in radians (instead of degrees). Determine the

selected gain value.

2) Build the Simulink diagram shown in Fig. 6. 1 but, for now, do not include the Transfer Fcn block (will be added later). Add a Derivative block to the encoder calibration gain output to measure the gear speed using the encoder (in rad/s). Connect the output of the Derivative to a Scope.

3) Setup the source blocks to output a step voltage that goes from 1V to 3V at 0. 4Hz.

4) Build and run the QUARC controller. Examine the encoder speed response. Attach sample responses. They should look similar to Fig. 6. 2.

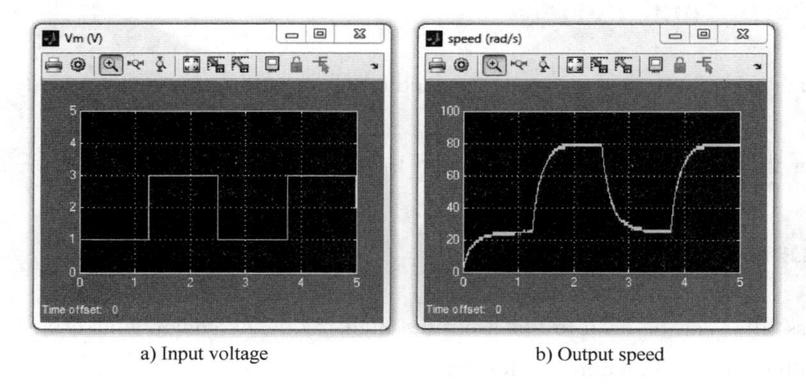

a) Input voltage b) Output speed

Fig. 6. 2 Measured servo speed using encoder

5) One way to remove some of the high-frequency components is adding a low-pass filter (LPF) to the derivative output. From the Simulink | Continuous Simulink library, add a Transfer Fcn block after the Derivative output and connect LPF to the Scope. Set the Transfer Fcn block to $50/(s+50)$, as illustrated in Fig. 6. 1.

6) Build and run the QUARC controller. Show the filtered encoder-based speed response and the motor voltage. Observe if there is any improvement.

7) Vary the cutoff frequency, ω_b, between 10 to 200rad/s (or 1. 6 to 32Hz). Analyze the influence on filtering results.

8) Stop the QUARC controller.

9) Turn off the power of QUBE-Servo 2.

6.4 Experimental Report

6.4.1 Basic Information of Experiment

Tab. 6.1 Basic information of experiment

Experiment name	Date of the experiment	Tutor	Team members

6.4.2 Experimental Data and Evaluation Process

(1) Analyze the cause of noise in the result measured by encoder in step 4). Measure the encoder position measurement using a new Scope. Zoom up on the position response and remember that this later enters derivative. Is the signal continuous?

(2) What is the cut-off frequency of the low-pass filter $50/(s+50)$? (Give you answer in both rad/s and Hz).

(3) In step 7), what effect does changing the cut-off frequency have on the filtered response? Consider the benefit and the trade-off of lowering and increasing this parameter.

Experiment 7 Modeling and Verification of Servo Motor System

7.1 Experimental Purpose

1) Master the method of establishing the equations of motion of a DC motor based rotary servo.

2) Master the method of creating and validating a system model.

7.2 Experimental Principle

The Quanser QUBE-Servo 2 is a direct-drive rotary servo system. Its motor armature circuit schematic is shown in Fig. 7.1 and the electrical and mechanical parameters are given in Tab. 7.1. The DC motor shaft is connected to the load hub. The hub is a metal disk used to mount the disk or rotary pendulum and has a moment of inertia of J_h. A disk load is attached to the output shaft with a moment of inertia of J_d.

Tab. 7.1 QUBE-Servo 2 system electrical and mechanical parameters

Item	Symbol	Description	Value
DC Motor	R_m	Terminal resistance	8.4Ω
	k_t	Torque constant	0.042N · m/A
	k_m	Motor back-emf constant	0.042V/rad · s^{-1}
	J_m	Rotor inertia	4.0×10^{-6}kg · m^2
	L_m	Rotor inductance	1.16mH
	m_h	Load hub mass	0.0106kg
	r_h	Load hub mass	0.0111m
	J_h	Load hub inertia	0.6×10^{-6}kg · m^2
Load Disk	m_d	Mass of disk load	0.053kg
	r_d	Radius of disk load	0.0248m

The back-emf (electromotive) voltage $e_b(t)$ depends on the speed of the motor shaft, ω_m, and the back-emf constant of the motor, k_m. It opposes the current flow. The back emf voltage is given by

$$e_b(t)=k_m\omega_m(t) \tag{7.1}$$

Using Kirchoff's Voltage Law, we can write the following equation

$$v_m(t)-R_m i_m(t)-L_m\frac{di_m(t)}{dt}-k_m\omega_m(t)=0 \tag{7.2}$$

Since the motor inductance L_m is much less than its resistance, it can be ignored. Then, the Eq. (7.2) becomes

$$v_m(t)-R_m i_m(t)-k_m\omega_m(t)=0 \tag{7.3}$$

Solving for $i_m(t)$, the motor current can be found as

$$i_m(t)=\frac{v_m(t)-k_m\omega_m(t)}{R_m} \tag{7.4}$$

The motor shaft equation is expressed as

$$J_{eq}\dot{\omega}_m(t)=\tau_m(t) \tag{7.5}$$

where J_{eq} is total moment of inertia acting on the motor shaft and τ_m is the applied torque from the DC motor. Based on the current applied, the torque is

$$\tau_m(t)=k_m i_m(t) \tag{7.6}$$

The moment of inertia of a disk about its pivot, with mass m_d and radius r_d, is

$$J_d=\frac{1}{2}m_d r_d^2 \tag{7.7}$$

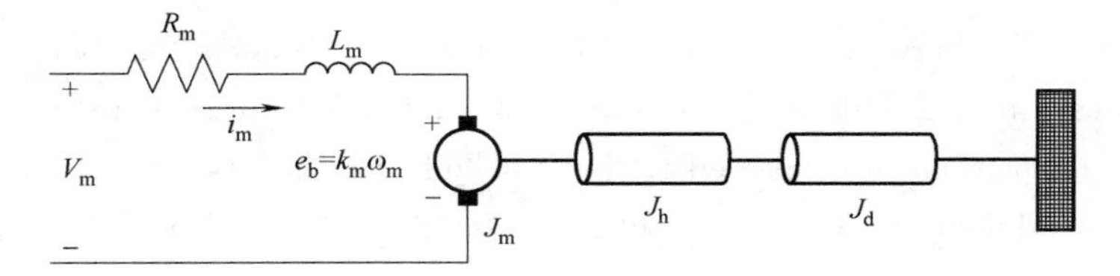

Fig. 7.1 QUBE-Servo 2 motor armature circuit schematic

7.3 Experimental Procedure

Complete the QUBE-Servo 2 integration and filtering experiment. Based on the models already designed, design a new model that applies a 1~3V, 0.4Hz square wave to the motor and reads the servo velocity using the encoder as shown in Fig. 7.2.

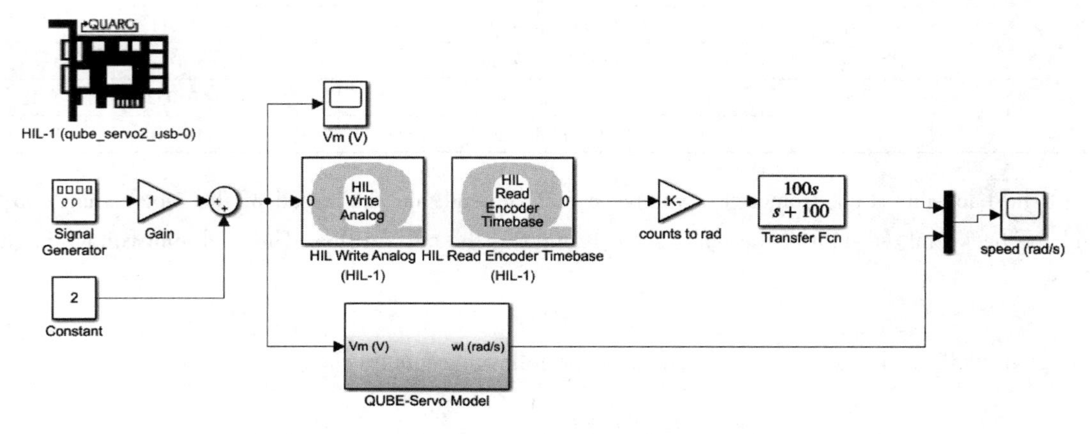

Fig. 7.2 Simulink model of measured and simulated QUBE-Servo 2 speed

Create subsystem called QUBE-Servo 2 Model, as shown in Fig. 7. 3, that contains blocks to model the QUBE-Servo 2 system. Thus using the equations given above, assemble a simple block diagram in Simulink to model the system. You'll need a few Gain blocks, a Subtract block, and an Integrator block (to go from acceleration to speed). Part of the solution is shown in Fig. 7. 3.

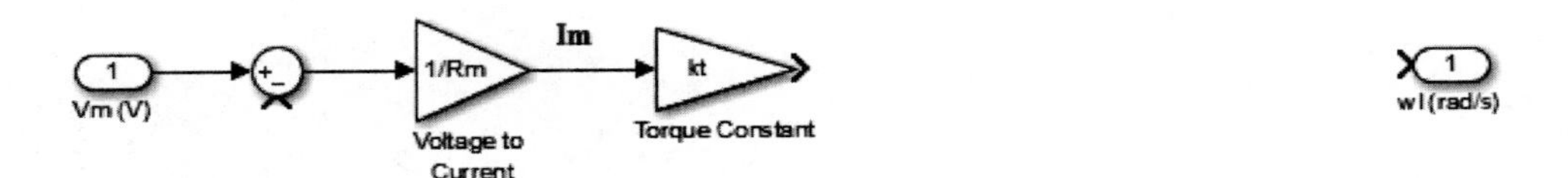

Fig. 7. 3 Incomplete QUBE-Servo 2 Model subsystem

It may also help to write a short MATLAB script that sets the various system parameters in MATLAB, so you can use the symbol instead of entering the value numerically in the Gain blocks. In the example shown in Fig. 7. 3, we are using Rm for motor resistance R_m and kt for the current-torque constant k_t. To define these, write a script like:

```
% Resistance
Rm=8.4;
% Current-torque(N-m/A)
kt=0.042;
```

Specific experimental steps are as follows:

1) The motor shaft of the QUBE-Servo 2 is attached to a load hub and a disk load. Based on the parameters given in Tab. 7. 1, calculate the equivalent moment of inertia J_{eq} that is acting on the motor shaft.

2) Design the QUBE-Servo 2 Model subsystem as described above.

3) Build and run the QUARC controller with your QUBE-Servo 2 model.

4) Stop the QUARC controller.

5) Turn off the power of QUBE-Servo 2.

7.4 Experimental Report

7.4.1 Basic Information of Experiment

Tab. 7.2 Basic information of experiment

Experiment name	Date of the experiment	Tutor	Team members

7.4.2 Experimental Data and Evaluation Process

(1) In step 1 of the experiment, the calculation process of the equivalent moment of inertia J_{eq} that is acting on the motor shaft.

(2) Paste a screen capture of your model and the MATLAB script (if you used one) in step 2 of the experiment.

（3）Paste a screen capture of your scopes in step 3.

7.4.3 Analysis of Experimental Results

Does your experimental represent the QUBE-Servo 2 well? Explain it.

Experiment 8 Parameter Identification of First-Order System

8.1 Experimental Purpose

1) Through this experiment, master the method of measuring the parameters K and τ of QUBE-Servo 2 system by step response.

2) Learn the method of model verification through this experiment.

8.2 Experimental Principle

Under the step input signal, the function relation of output varying with time of control system is called step response of system. As an example, consider a system given by the following transfer function:

$$\frac{Y(s)}{U(s)}=\frac{K}{\tau s+1} \tag{8.1}$$

The step input signal is shown in Fig. 8.1a, where $K=5\text{rad/V}\cdot\text{s}$. The step response shown in Fig. 8.1b, and $\tau=0.05\text{s}$.

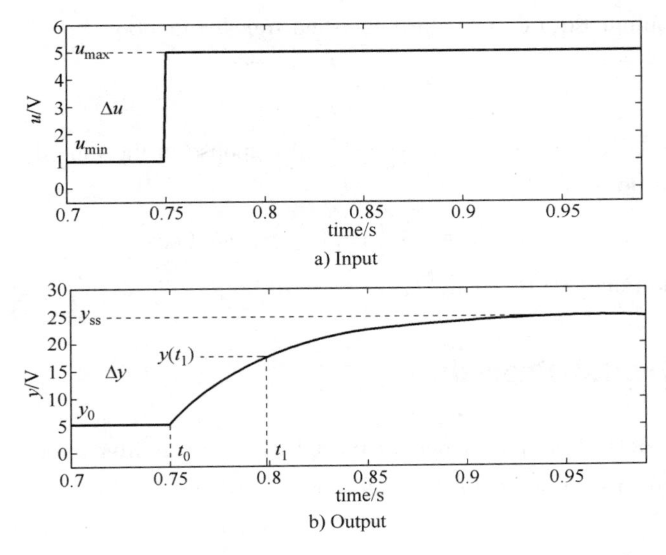

Fig. 8.1 Step input and its response curve

The step input begins at time t_0. The input signal has a minimum value of $u_{\min}$ and a maximum value of $u_{\max}$. The resulting output signal is initially at y_0. Once the step is applied, the output tries to follow it and eventually settles at its steady-state value y_{ss}. From the output and input signals, the steady-state gain is

$$K=\frac{\Delta y}{\Delta u} \tag{8.2}$$

where $\Delta y=y_{ss}-y_0$ and $\Delta u=u_{\max}-u_{\min}$. The time constant of a system τ is defined as the time it takes the system to respond to the application of a step input to reach 63.2% of its steady-state value, i.e. for Fig. 8.1b,

$$y(t_1)=0.632\Delta y+y_0 \tag{8.3}$$

where

$$t_1=t_0+\tau \tag{8.4}$$

Therefore, the time constant τ can be measured experimentally.

Going back to the QUBE-Servo 2 system, the s-domain representation of a step input voltage with a time delay t_0 is given by

$$V_m=\frac{A_v e^{(-st_0)}}{s} \tag{8.6}$$

where A_v is the amplitude of the step and t_0 is the step time (i.e. the delay).

The voltage-to-speed transfer function is

$$\frac{\Omega_m(s)}{V_m(s)}=\frac{K}{\tau s+1} \tag{8.7}$$

where K is the model steady-state gain, τ is the model time constant, $\Omega_m(s)=L[\omega_m(t)]$ is the load gear rate, and $V_m(s)=L[v_m(t)]$ is the applied motor voltage.

If we substitute input Eq. (8.6) into the system transfer function Eq. (8.7), we get

$$\Omega_m(s)=\frac{KA_v e^{(-st_0)}}{s(\tau s+1)} \tag{8.8}$$

We can then find the QUBE-Servo 2 motor speed step response in the time domain $\omega_m(t)$ by taking inverse Laplace of the Eq. (8.8),

$$\omega_m(t)=KA_v\left[1-e^{\left(-\frac{t-t_0}{\tau}\right)}\right]+\omega_m(t_0) \tag{8.9}$$

noting the initial conditions $\omega_m(0^-)=\omega_m(t_0)$.

8.3 Experimental Procedure

Based on the models already designed in the QUBE-Servo 2 integration experiment, design a new model that applies a step of 2V to the motor and reads the servo velocity using the encoder as shown in Fig. 8.2.

To apply your step for a certain duration (e.g. 2.5s), set the Simulation stop time of the Simulink model. Using the saved response, the model parameters can then be found as discussed in Principle

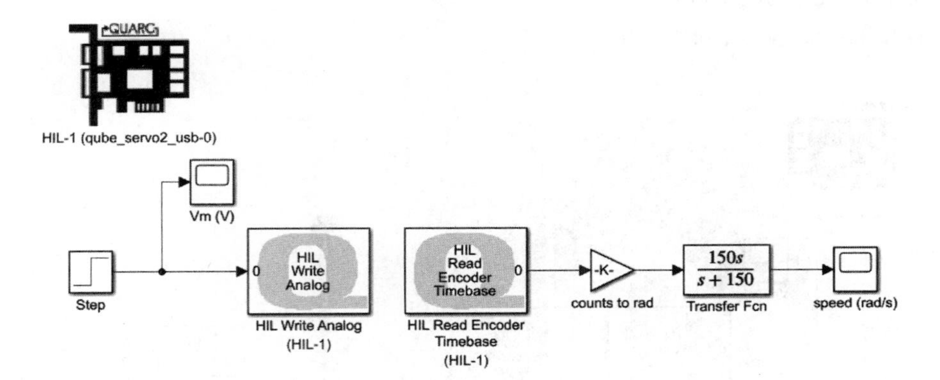

Fig. 8. 2 Simulink model of measuring load speed through step response

section of this lab. For information on saving data to MATLAB for offline analysis, see the QUARC help documentation (under QUARC Targets | User's Guide | QUARC Basics | Data Collection). Specific experimental steps are as follows:

1) Run the QUARC controller to apply a 2V step to the servo. The scope response should be similar to Fig. 8. 3.

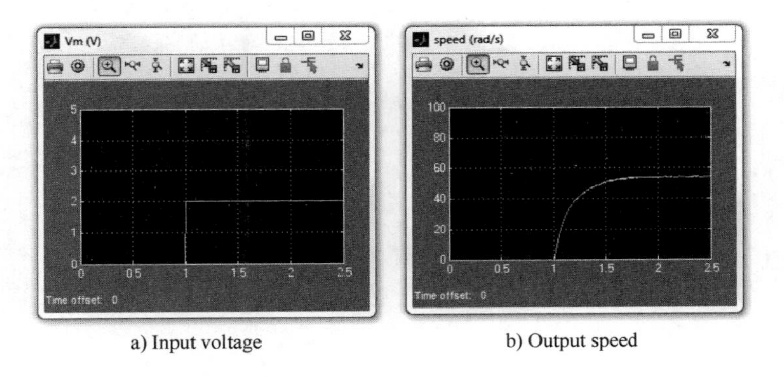

a) Input voltage b) Output speed

Fig. 8. 3 QUBE-Servo 2 step input and its response curve

2) Plot the response in MATLAB figure. For example, you can setup the scopes to save the measured load/disk speed and motor voltage to the MATLAB workspace in the variables data_wm and data_vm, where the data_wm (:, 1) is the time vector and data_wm (:, 2) is the measured speed.

3) Find the steady-state gain using the measured step response. (Hint: Use the MATLAB ginput command to measure points off the plot.)

4) Find the time constant from the obtained response.

5) To check if your derived model parameters K and τ are correct, modify the Simulink diagram to include a Transfer Fcn block with the first-order model in Eq. (8. 1), as shown in Fig. 8. 4.

6) Connect both the measured and simulated QUBE-Servo 2 responses to the scope using a Mux block (from the Signal Routing category). Build and run your QUARC controller.

7） Stop the QUARC controller.

8） Turn off the power of QUBE-Servo 2.

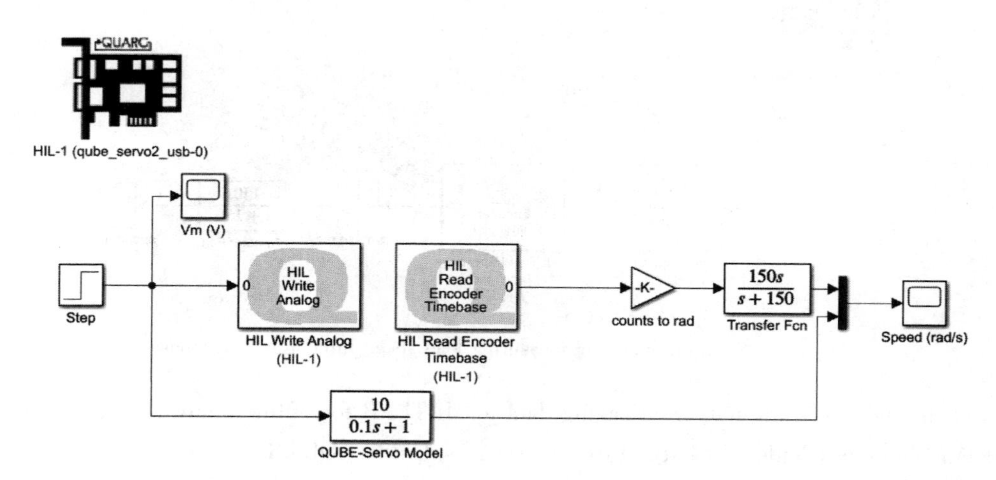

Fig. 8. 4　Simulink block diagram of verification model

8.4 Experimental Report

8.4.1 Basic Information of Experiment

Tab. 8.1 Basic information of experiment

Experiment name	Date of the experiment	Tutor	Team members

8.4.2 Experimental Data and Evaluation Process

(1) Paste the command and Figure diagram in step 2) of the experiment:

(2) The calculation process of steady-state gain in step 3) of the experiment:

(3) The calculation process of the time constant in step 4) of the experiment:

（4） In step 6） of the experiment, the MATLAB figure displaying both the measured and simulated response curves is pasted below, which also includes the input voltage.

8.4.3 Analysis of Experimental Results

Are the model parameters K and τ derived from the analysis of measured and simulated response curves correct? Explain it.

Experiment 9 Step Response of Second-Order System

9.1 Experimental Purpose

1) Master the method of obtaining the response curve of underdamped second-order systems through this experiment.

2) Through this experiment, master the calculation method of system damping ratio and natural frequency.

3) Through this experiment, master the calculation method of peak time and percentage overshoot of second-order system.

9.2 Experimental Principle

9.2.1 Second-Order Step Response

The standard second-order transfer function has the form

$$\frac{Y(s)}{X(s)}=\frac{\omega_n^2}{s^2+2\zeta\omega_n s+\omega_n^2} \tag{9.1}$$

where ω_n is the natural frequency and ζ is the damping ratio. The properties of its response depend on the values of the parameters ω_n and ζ.

The input signal of the system is a step signal $x(t)=R_0$, so

$$X(s)=\frac{R_0}{s} \tag{9.2}$$

With a step amplitude of $R_0=1.5$, the system response to this input is shown in Fig. 9.1, where the output response is $y(t)$ and the step input is $r(t)$.

9.2.2 Peak Time and Overshoot

The maximum value of the response is denoted by the variable y_{max} and it occurs at a time t_{max}. For a response similar to Fig. 9.1, the percentage overshoot PO is found using

$$PO=\frac{y_{max}-R_0}{R_0}\times 100\% \tag{9.3}$$

In a second-order system, the amount of overshoot depends solely on the damping ratio parameter and it can be calculated using the equation

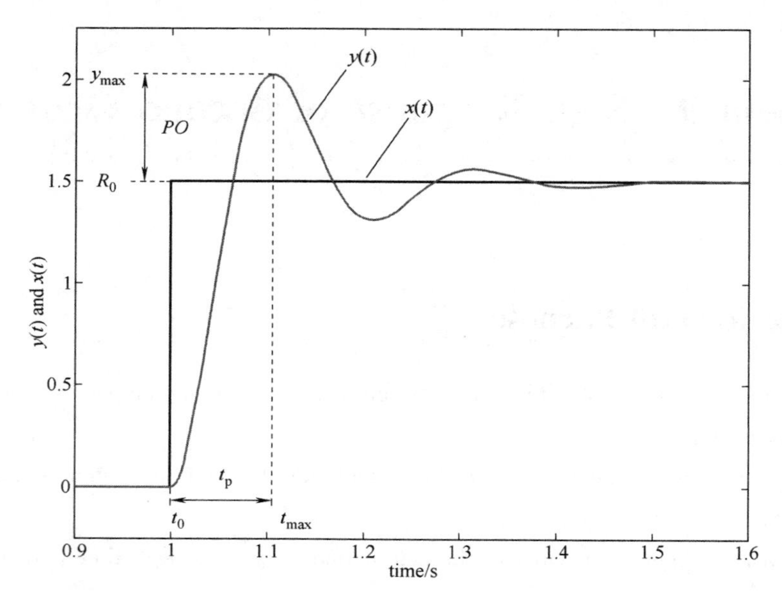

Fig. 9. 1 Second-order step response

$$PO = e^{-\frac{\zeta\pi}{\sqrt{1-\zeta^2}}} \times 100\% \tag{9.4}$$

The time it takes for the response to reach its maximum value y_{max} is the peak time t_p, it can be seen from Fig. 9. 1,

$$t_p = t_{max} - t_0 \tag{9.5}$$

The peak time depends on both the damping ratio and natural frequency of the system and it can be derived as

$$t_p = \frac{\pi}{\omega_n\sqrt{1-\zeta^2}} \tag{9.6}$$

The relationship between the maximum value y_{max} and damping ratio ζ can be obtained from Eq. (9. 3) and Eq. (9. 4). The relationship between t_{max}, damping ratio ζ and undamped natural frequency ω_n can be obtained from Eq. (9. 5) and Eq. (9. 6). According to this characteristic, the damping ratio and undamped natural frequency of the second-order system can be measured experimentally.

9. 2. 3 Unity Feedback

The unity-feedback control loop shown in Fig. 9. 2 will be used to control the position of the QUBE-Servo 2.

The QUBE-Servo 2 voltage-to-position transfer function is

$$P(s) = \frac{\Theta_m(s)}{V_m(s)} = \frac{K}{s(\tau s+1)} = \frac{\frac{K}{\tau}}{s^2+\frac{1}{\tau}s+\frac{K}{\tau}} \tag{9.7}$$

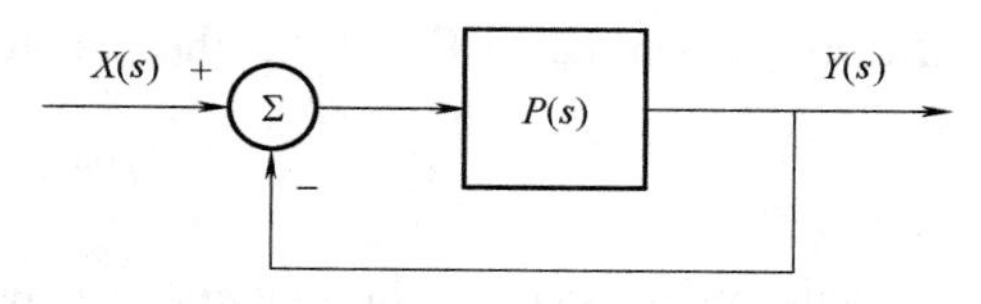

Fig. 9. 2 Unity feedback loop

where $K=23.0\ \text{rad}/(\text{V}\cdot\text{s})$ is the model steady-state gain, $\tau=0.13\text{s}$ is the model time constant (obtained from Experiment 8). $\Theta_m(s)=L[\theta_m(t)]$ is the motor/disk position, and $V_m(s)=L[v_m(t)]$ is the applied motor voltage.

9.3 Experimental Procedure

Based on QUBE-Servo 2 integration and filtering experiment, design a Simulink model similar to Fig. 9.3. This implements the unity feedback control given in Fig. 9.2 in Simulink. A step reference of 1rad is applied at 1second and the controller runs for 2.5seconds. Specific experimental steps are as follows:

1) Given the QUBE-Servo 2 closed-loop equation under unity feedback in Eq. (9.7) and the model parameters above, find the natural frequency ω_n and damping ratio ζ of the system.

2) Based on your obtained ω_n and ζ, find the expected peak time t_p and percentage overshoot PO.

3) Build and run the QUARC controller. The scopes should look similar to Fig. 9.4.

4) Stop the QUARC controller.

5) Turn off the power of QUBE-Servo 2.

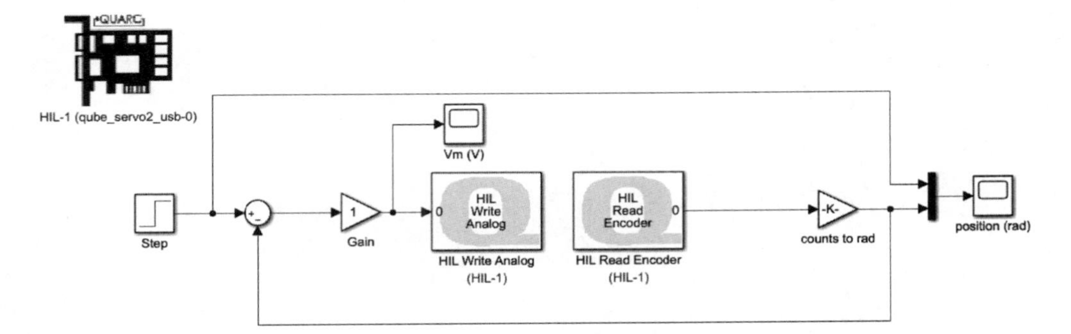

Fig. 9.3 Simulink model of unity feedback position control of QUBE-Servo 2

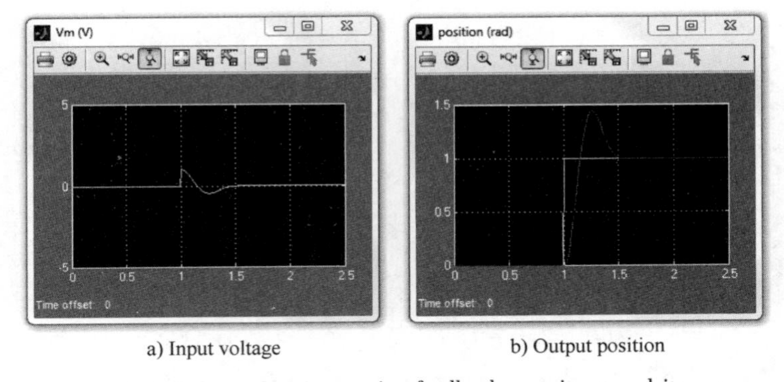

a) Input voltage b) Output position

Fig. 9.4 QUBE-Servo 2 unit negative feedback step input and its response

9.4　Experimental Report

9.4.1　Basic Information of Experiment

Tab. 9.1　Basic information of experiment

Experiment name	Date of the experiment	Tutor	Team members

9.4.2　Experimental Data and Evaluation Process

(1) The calculation process of undamped natural frequency ω_n and damping ratio ζ in step 1) of the experiment:

(2) The calculation process of peak time t_p and percentage overshoot PO in step 2) of the experiment:

(3) Attach the QUBE-Servo 2 position response showing both the setpoint and measured positions in one scopes as well as the motor voltage. (Hint: You can then use the MATLAB plot command to generate the necessary MATLAB figure.)

(4) Measure the peak time t_p and percentage overshoot PO from the response and compare that with the theoretical value calculated in the experimental step 2). (Hint: Use the MATLAB ginput command to measure points off the plot.)

9.4.3 Analysis of Experimental Results

According to the comparison between the measured and theoretical values of the percentage overshoot PO and peak time t_p, you need to analyze whether the parameters K and τ of the second-order system can be identified by the step response of the system.

Experiment 10 PD Control

10.1 Experimental Purpose

1) Through this experiment, master the method of using proportional-derivative (PD) regulator to control servo position.

2) Through this experiment, master the method of designing regulator according to the design requirements of peak time and percentage overshoot.

10.2 Experimental Principle

The QUBE-Servo 2 voltage-to-position transfer function in the experiment 9 is

$$P(s)=\frac{\Theta_m(s)}{V_m(s)}=\frac{K}{s(\tau s+1)}$$

where $K=23\ \text{rad}/(\text{V}\cdot\text{s})$ is the model steady-state gain, $\tau=0.13\text{s}$ is the model time constant (obtained from Experiment 8). $\Theta_m(s)=L[\theta_m(t)]$ is the motor/disk position, and $V_m(s)=L[v_m(t)]$ is the applied motor voltage. The proportional-derivative (PD) regulator shown in Fig. 10.1 is used to control the position of QUBE-Servo 2 system.

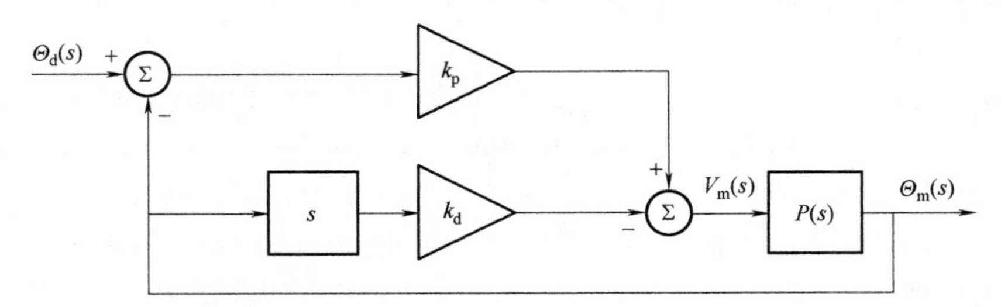

Fig. 10.1 Block diagram of PD control

The proportional-derivative (PD) control has the following structure

$$v_m(t)=k_p[\theta_d(t)-\theta_m(t)]-k_d\dot{\theta}_m(t) \tag{10.1}$$

where k_p is the proportional gain, k_d is the derivative gain, $\theta_d(t)$ is the setpoint or reference motor/load angle (rad), $\theta_m(t)$ is the measured load shaft angle (rad), and $v_m(t)$ is the input voltage (V).

Assume all initial conditions are zero, i.e. $\theta_m(0^-)=0$ and $\dot{\theta}_m(0^-)=0$, taking the Laplace transform of Eq. (10.1) yields,

$$V_m(s)=k_p[\Theta_d(s)-\Theta_m(s)]-k_d s\Theta_m(s) \tag{10.2}$$

which can be substituted into Eq. (9.7) to result in

$$\Theta_m(s)=\frac{K}{s(\tau s+1)}\{k_p[\Theta_d(s)-\Theta_m(s)]-k_d s\Theta_m(s)\}$$

Solving for, $\Theta_m(s)/\Theta_d(s)$, we obtain the closed-loop expression

$$\frac{\Theta_m(s)}{\Theta_d(s)}=\frac{K\cdot k_p}{\tau s^2+(1+K\cdot k_d)s+K\cdot k_p} \tag{10.3}$$

Recall the standard second-order transfer function. Eq. (10.3) is a second-order transfer function.

10.3 Experimental Procedure

Based on the QUBE-Servo 2 integration, filtering, Second-Order Systems step response experiment. Design the Simulink model as shown in Fig. 10.2. With PD regulator of 10.2, set the Signal Generator block such that the servo command (i. e. reference angle) is a square wave with an amplitude of 0.5 rad and at a frequency of 0.4Hz. The Simulink model also consists of a PD control loop on the QUBE-Servo 2 model transfer function that relates Voltage $V_m(s)$ to Position $\Theta_m(s)$ according to Equation 9.7. This uses the K and τ parameters provided in the experimental principle section of this lab. The specific steps are as follows:

1) Build and run the QUARC controller. The response should look similarly as shown in Fig. 10.3.

2) Set $k_p=2.5$V/rad and $k_d=0$V/(rad/s). Keep the derivative gain at 0 and vary k_p from 1 to 4.

3) Set $k_p=2.5$V/rad and vary the derivative gain k_d from 0 to 0.15V/(rad/s).

4) Stop the QUARC controller.

5) Find the proportional and derivative gains required for the QUBE-Servo 2 closed-loop transfer function given in Equation 10.3 to match the standard second-order system. Your gain equations will be a function of ω_n and ζ.

6) For the response with a peak time of 0.15s and a percentage overshoot of 2.5%, the undamped natural frequency and damping ratio are $\omega_n=32.3$ rad/s and $\zeta=0.76$. Using the QUBE-Servo 2 model parameters K and τ given above in experimental principle section of this lab (or those you found previously through a modeling lab), calculate the control gains needed to satisfy these requirements.

7) Run the PD controller with the newly designed gains on the QUBE-Servo 2.

8) Measure the percentage overshoot PO and peak time t_p of the QUBE-Servo 2 response.

(Hint: Use the MATLAB ginput command to measure points off the plot and the equations from the Second-Order Systems laboratory experiment).

9) If your response did not match the above percentage overshoot PO and peak time t_p specification, try tuning your control gains until your response does satisfy them.

10) Stop the QUARC controller.

11) Turn off the power of QUBE-Servo 2.

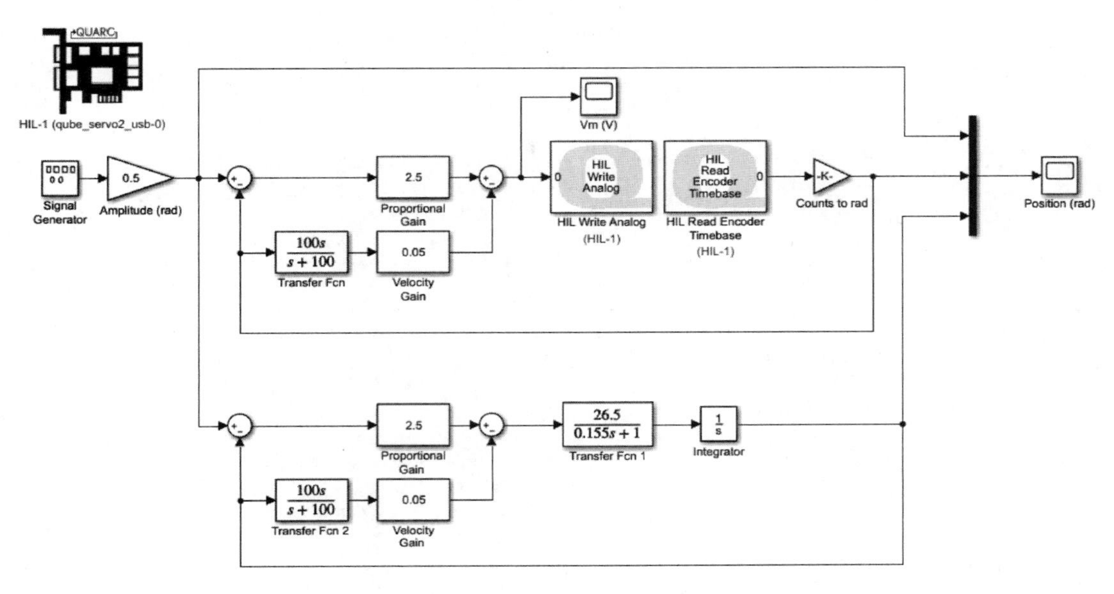

Fig. 10. 2 PD control Simulink model of QUBE-Servo 2

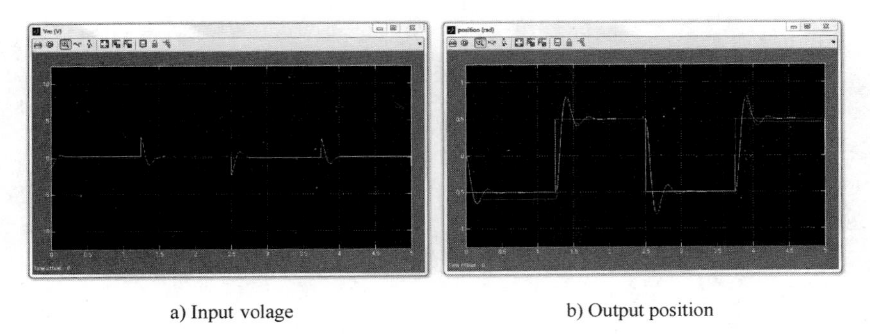

a) Input volage   b) Output position

Fig. 10. 3 QUBE-Servo 2 PD control with $k_p = 2.5\mathrm{V/rad}$ and $k_d = 0.05\mathrm{V/(rad/s)}$

10.4 Experimental Report

10.4.1 Basic Information of Experiment

Tab. 10.1 Basic information of experiment

Experiment name	Date of the experiment	Tutor	Team members

10.4.2 Experimental Data and Evaluation Process

(1) In step 5) of the experiment, the process of solving for k_p and k_d to obtain the control gain equations.

(2) In step 6) of the experiment, the calculation process of proportional control gain k_p and derivative control gain k_p.

(3) Attach the position response in step 7) of the experiment as well as the motor voltage used.

（4） List the process of calculating the percentage overshoot *PO* and peak time t_p in step 8） of the experiment. Do they match the desired percentage overshoot and peak time specifications given in Step 6） without saturating the motor （going beyond ±10V）? Why does the QUBE-Servo 2 response have a steady-state error, while the QUBE-Servo 2 model response from the transfer function have none?

（5） Attach the resulting MATLAB figure, resulting measurements in step 9） of the experiment, and comment on how you modified your controller to arrive at those results.

10.4.3 Analysis of Experimental Results

（1） Combined with step 2） of the experiment, what does the proportional gain k_p do when controlling servo position?

（2） Combined with step 3） of the experiment, what is the derivative gain k_d effect on the position response?

Experiment 11 Lead Correction of Speed Control System

11.1 Experimental Purpose

1) Master the design method of Lead Compensator through this experiment.

2) Learn to modify the Bode plots of the system by regulating the open-loop gain of the system.

11.2 Experimental Principle

In a system, changing the gain value has an impact on the performance of the system. Increasing the gain will increase the crossover frequency, increase the system bandwidth and shorten the peak time of the system (that is, accelerate the response process). At the same time, increasing the gain will also reduce the phase margin of the system, resulting in a large overshoot and poor stability of the system. Therefore, the bandwidth requirement of the system can be met by using K_c and lead correction jointly.

Fig. 11.1 is a typical lead compensator Bode diagram. The transfer function of the phase lead compensator device is usually expressed as

$$G_c(s)=a\frac{Ts+1}{aTs+1}=\frac{s+\dfrac{1}{T}}{s+\dfrac{1}{aT}}=\frac{s-z_c}{s-p_c} \tag{11.1}$$

The frequency characteristics are

$$G_c(\mathrm{j}\omega)=a\frac{\mathrm{j}\omega T+1}{\mathrm{j}a\omega T+1} \tag{11.2}$$

Phase-frequency characteristics are

$$\varphi(\omega)=\arctan T\omega-\arctan aT\omega \tag{11.3}$$

The corner frequencies are $\frac{1}{T}$, $\frac{1}{aT}$, and has positive phase characteristics. With $\frac{\mathrm{d}\varphi}{\mathrm{d}\omega}=0$, the frequency of the maximum leading phase can be obtained as follows

$$\omega_m=\frac{1}{T\sqrt{a}} \tag{11.4}$$

Eq. (11.4) shows that ω_m is the geometric center of two corner frequencies in the frequency characteristic curve.

Substituting Eq. (11.4) into Eq. (11.3), the maximum lead phase can be obtained as follows,

$$\varphi_m = \arcsin \frac{1-a}{1+a} \tag{11.5}$$

Eq. (11.5) can be written as

$$a = \frac{1-\sin \varphi_m}{1+\sin \varphi_m} \tag{11.6}$$

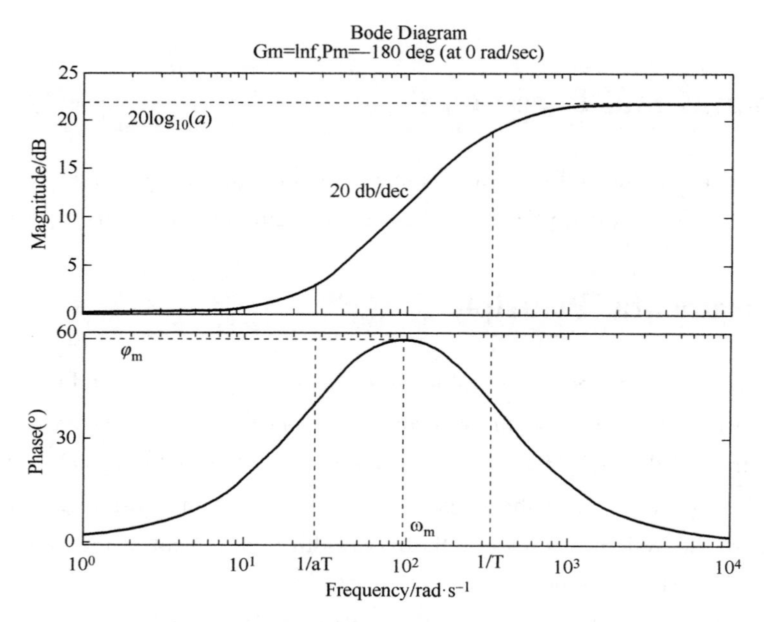

Fig. 11. 1　Typical lead compensator Bode plot

In this lab, we will design a lead compensator in series with an integrator as in Fig. 11. 2 to achieve zero steady-state error. The resulting controller has the form

$$G(s) = K_c a \frac{Ts+1}{(aTs+1)s} \tag{11.7}$$

The basic principle of lead correction is to increase the phase margin of the system and improve the transient response of the system by using the phase lead characteristic of the lead correction network. Therefore, when designing the compensator, the maximum leading phase should appear as far as possible at the shear frequency ω_c of the compensated system.

The design process for a lead compensator can be summarized as follows:

1) Generate the Bode plot of the open-loop uncompensated system.

2) The lead compensator itself will add some gain to the closed-loop system response. To make sure that the bandwidth requirement of the design can be met, a proportional gain K_c needs to be added such that the open-loop crossover frequency is about a factor of two below the desired system bandwidth.

3) Determine the necessary additional phase lead φ_0 for the plant with open-loop gain K_c. To do so, compute

$$\varphi_0 = \gamma - \gamma_0 + 5 \tag{11.8}$$

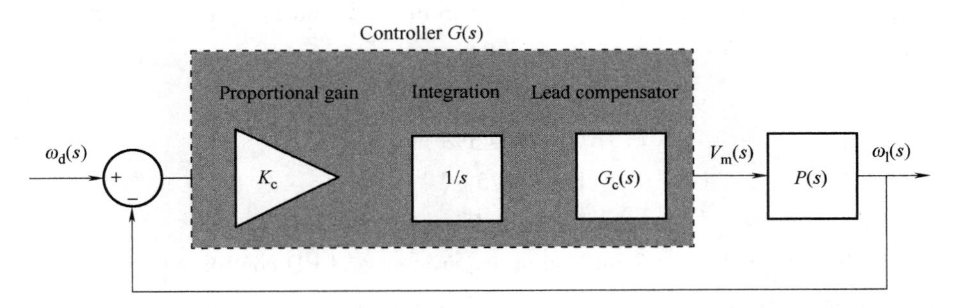

Fig. 11. 2 Block diagram of QUBE-Servo 2 speed control system

i. e. add 5 degrees to the desired phase margin γ (°) and subtract the open-loop measured phase margin γ_0 (°).

4) Let the maximum lead phase of the lead compensator $\varphi_m = \varphi_0$, and calculate α from $a=\frac{1-\sin\varphi_m}{1+\sin\varphi_m}$.

5) Determine the gain $10\lg\frac{1}{a}$ of compensator at ω_m. And determine the frequency where the magnitude of the uncompensated system Bode diagram curve is $-10\lg\frac{1}{a}$. This frequency is the shear frequency of the compensated system. ω_m is then obtained by finding the corresponding frequency in the uncompensated Bode plot. Determine the value of time constant T using Eq. (11. 4).

6) Determine the corner frequency ω_T of the lead compensator. Then the transfer function of the compensator is obtained.

7) Check whether the compensator fulfills the design requirements. To do so, draw the Bode plot of the compensated system and check the resulting phase margin and check whether the system response meets the desired characteristics. Repeat the design steps from step 3 for a different φ_0 if necessary. Or choose different K_c values and repeat the design steps from step 2.

11. 3 Experimental Procedure

In this lab, you will design a lead compensator for the speed control of the QUBE-Servo 2. The transfer function from input voltage to output speed for the QUBE-Servo 2 is given by

$$P(s)=\frac{K}{Ts+1} \tag{11.9}$$

As stated in the experimental principle section, we want to design a controller that is in series with an integrator to guarantee zero steady-state. For the design purpose of the lead compensator, we assume that the integrator is part of the plant model, i. e.

$$P_i(s)=P(s)\frac{1}{s} \tag{11.10}$$

The control design should fulfill the following design requirements for steady-state error (e_{ss}), peak time (t_p), percentage overshoot (PO), phase margin (γ) and system bandwidth (ω_b):

$$\begin{cases} e_{ss}=0 \\ t_p=0.05\text{s} \\ PO\leqslant 5\% \\ \gamma\geqslant 75° \\ \omega_b\geqslant 75\text{rad/s} \end{cases} \tag{11.11}$$

After completing QUBE-Servo 2 integration experiment and PD control experiment, perform the following experimental steps:

1) Find the magnitude of the frequency response of the system transfer function (Eq. 11.10) that is in series with an integrator ($|P_i(s)|$) in terms of the frequency ω.

2) The system has a gain of 1 (or 0dB) at the crossover frequency ω_c. Find an expression for the crossover frequency in terms of the model parameters K and T for $P_i(s)$. Use this expression to determine the crossover frequency for the QUBE-Servo 2 using $K=23$ and $T=0.13$.

3) Generate the Bode plot of $P_i(s)$ using the margin (Pi) command. Compare the obtained cross over frequency with the calculated value in step 2.

4) Find the proportional gain K_c that is necessary such that $K_cP_i(s)$ has a crossover frequency of 35rad/s (about half the desired closed-loop bandwidth).

5) Determine the necessary phase lead φ_0 that the lead compensator needs to add for the system $K_cP_i(s)$.

6) Compute α.

7) Determine ω_b.

8) Determine the pole and zero location of the lead compensator. Determine the transfer function of the lead compensator $G_c(s)$. Generate the Bode plot of your lead compensator and verify that you have the desired phase margin at the desired frequency.

9) Validate your result by obtaining the closed-loop bode plot with proportional gain K_c and lead compensator $G_c(s)$. Do you have the desired phase margin at the desired frequency?

10) Open q_qube2_lead.mdl and Implement your lead compensator $G_c(s)$ with proportional gain K_c and run your QUARC controller. Does the system response match the desired characteristics? Try varying the value of K_c and see if you can improve the overall system response.

11.4 Experimental Report

11.4.1 Basic Information of Experiment

Tab. 11.1 Basic information of experiment

Experiment name	Date of the experiment	Tutor	Team members

11.4.2 Experimental Data and Evaluation Process

(1) An expression for the magnitude response in step 1) of experiment.

(2) The process of evaluating the crossover frequency of QUBE-Servo 2 in step 2) of the experiment.

(3) Attach the Bode figure obtained in step 3) of the experiment. Is the crossover frequencies obtained using MATLAB matches the one obtained in the question (2)?

(4) In step 4) of the experiment, the process of evaluating the gain K_c is as follows.

(5) In step 5) of the experiment, the process of evaluating the necessary phase lead φ_0 is as follows.

(6) In step 6) of the experiment, the process of evaluating a is as follows.

(7) In step 7) of the experiment, the process of evaluating ω_b is as follows.

(8) What is the location of the pole and zero of the lead compensator in step 8) of the experiment?

(9) What is the transfer function $G_c(s)$ of the lead compensator in step 8) of the experiment? Attach the Bode figure of your lead compensator. What is the desired frequency?

(10) Attach the Bode figure of your lead compensator in step 9). What is the desired frequency? What is the desired phase margin?

(11) Attach the response figure of the system response with K_c and $G_c(s)$, as well as the response figure after changing K_c in step 10) of the experiment. And indicate whether the overall system response has been improved.

11.4.3 Analysis of Experimental Results

Does ω_b meet the design requirement of $\omega_b \geqslant 75\mathrm{rad/s}$ in step 7)? Comment on what you could do to ensure you meet this requirement.

Experiment 12 Frequency Response Modeling

12.1 Experimental Purpose

1) Master the method of determining the steady-state gain of the system by step response.

2) Master the method of determining time constant by amplitude-frequency characteristics and phase-frequency characteristics.

12.2 Experimental Principle

When applying an input sine wave $V_m(t)$ to a DC motor, the resulting output of the DC motor will be scaled and delayed sinusoid of the same frequency. For example, in Fig. 12.1, t_1 denotes the length of a period of the sinusoid and t_2 shows the time delay between an input voltage signal, V_m, and a scaled output speed signal, Ω_m.

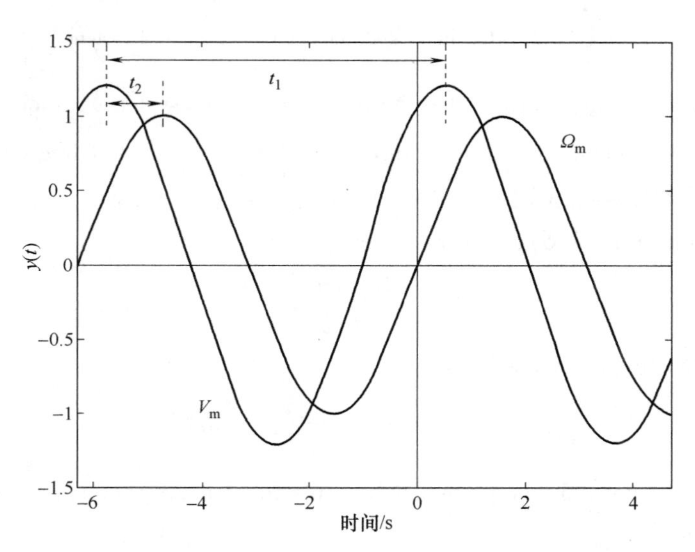

Fig. 12.1 Period and phase delay of sinusoidal signals

As mentioned in Section 8.2, for QUBE-Servo 2 system, the transfer function with motor voltage as input and load speed as output is

$$\frac{\Omega_m(s)}{V_m(s)}=\frac{K}{\tau s+1} \tag{8.6}$$

where K is the steady-state gain, τ is the time constant of the DC motor, and $\Omega_m(s)=L[\omega_m(t)]$ and $V_m(s)=L[v_m(t)]$ are the Laplace transforms of the motor disk speed and the motor input voltage, respectively. The magnitude response of the resulting output changes with respect to the frequency of the applied sinusoid. A Bode plot of the system's magnitude response similar to Fig. 12. 2 can be obtained by varying the frequency of the applied sinusoid.

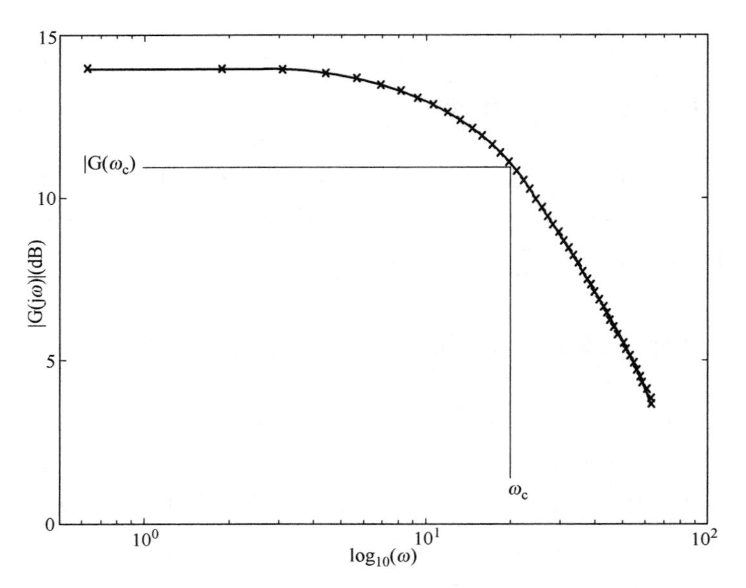

Fig. 12. 2 Magnitude Bode plot of QUBE-Servo 2 system

The cut-off frequency ω_b is also called the bandwidth of the system, which can characterize the response speed of the system. The corresponding magnitude at the cutoff frequency is then $1/\sqrt{2}\approx 0.707$, or $20\lg(\sqrt{2}/2)\approx -3.01\text{dB}$, of the maximum system gain.

Substituting $s=j\omega$ into Eq. (8. 6), the frequency response is

$$G(\omega)=\frac{\Omega_m(j\omega)}{V_m(j\omega)}=\frac{K}{\tau j\omega+1} \tag{12.1}$$

The magnitude of the frequency response is

$$|G(\omega)|=\frac{K}{\sqrt{1+\tau^2\omega^2}} \tag{12.2}$$

The system's steady-state (or low frequency) gain can then be obtained by setting $\omega=0$, i. e. applying a step signal

$$K=|G(0)| \tag{12.3}$$

It can be seen from Eq. (12. 3) that the steady-state gain of the system can be determined by step response experiment. It can be seen from Eq. (12. 2) that the time constant τ can be determined by amplitude-frequency characteristic experiment.

Another way to determine τ is to perform a phase delay analysis, i. e. to investigate by how much the system's response lags the system's sinusoidal input. The phase delay (or phase angle) is defined as

$$\varphi_d = -\arctan\tau\omega \tag{12.4}$$

The effect of this phase delay can also be observed in the delay of input/output graphs of Fig. 12. 1. Here, the phase shift can be expressed as

$$\varphi_d = -\frac{t_2}{t_1}\times 360^\circ \tag{12.5}$$

By combining Eq. (12. 4) and Eq. (12. 5), the time constant τ can be determined by phase-frequency characteristic experiment.

12. 3 Experimental Procedure

After completing the Filtering experiment (experiment 6), the following experimental steps can be carried out. In the first part of this experiment, you will determine the system gain K by applying a step input. In the second part, you will use sinusoidal inputs to gain information about the magnitude response of your system so that you can draw a Bode magnitude plot to determine the time constant τ. As an alternative way to determine the time constant τ, you will perform a phase-frequency characteristics analysis of your system in the last part of this exercise.

The q_qube2_freq_rsp Simulink model shown in Fig. 12. 3 applies a sine wave and/or constant voltage to the motor and measures the corresponding speed on the QUBE-Servo 2.

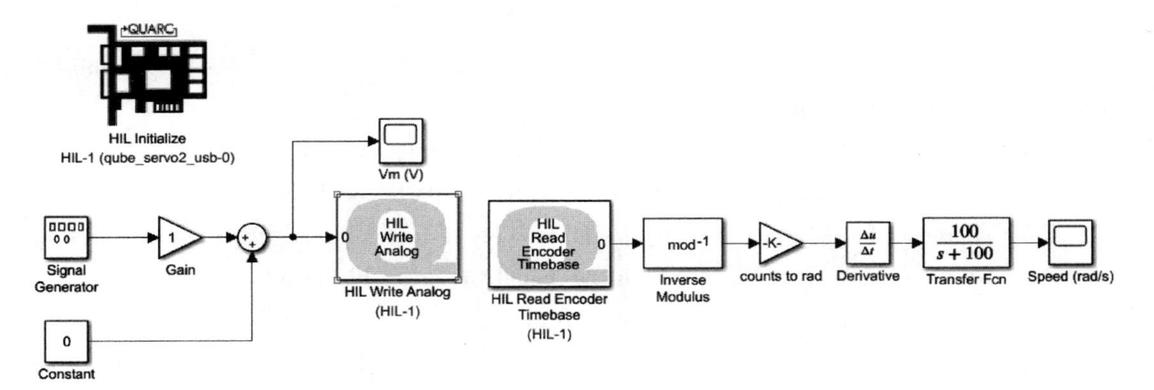

Fig. 12. 3 Simulink model of the frequency response of the QUBE-Servo 2

12. 3. 1 Steady-State Gain

As discussed in the experimental principle section, the steady state gain K of the system can be observed by applying an input signal with a frequency of $\omega = 0$rad/s, see Eq. (12. 3).

1) Open q_qube2_freq_rsp Simulink model or design your own based on the model constructed in Filtering experiment.

2) To apply a constant 3V voltage command, set the Constant block to a value of 3 and the Gain block to 0 (i. e. no sine wave).

3) To apply a constant voltage command to the QUBE-Servo 2, set the Offset block to a value of 3. Build and run the QUARC Controller. The response should look similar to Fig. 12. 4.

4) Measure the speed of the load disk and calculate the steady-state gain of the system, K, in rad/s and dB respectively.

5) Stop the QUARC controller.

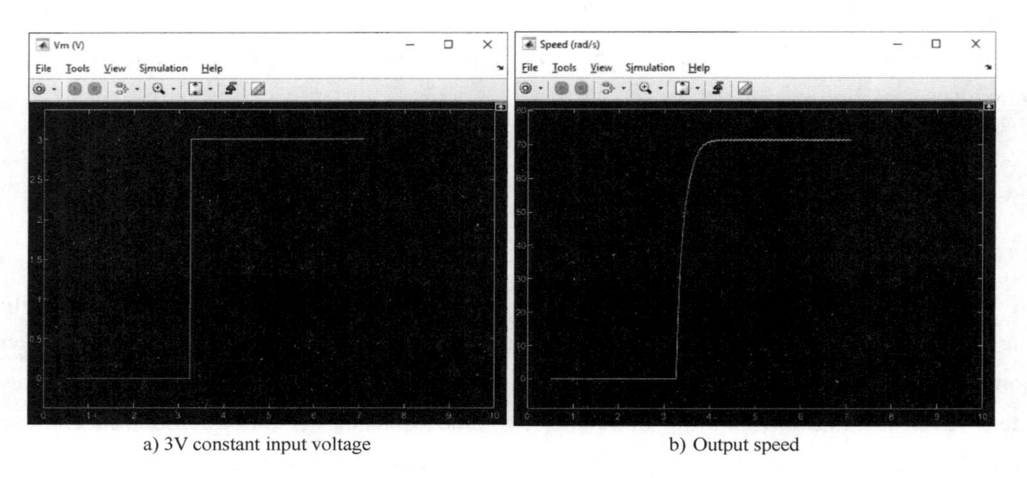

a) 3V constant input voltage　　b) Output speed

Fig. 12. 4　System response when applying a constant 3V input voltage

12. 3. 2　Amplitude Frequency Characteristic Analysis

In this part of the lab, you will use sinusoidal inputs with different frequencies to determine the time constant, τ, of the system.

1) Given Eq. (12. 2), derive an expression to determine the time constant, τ. (Hint: Begin by evaluating the magnitude of the transfer function at the cutoff frequency, ω_b.)

2) To configure the q_qube2_freq_rsp model to apply a sine wave, set the Constant block to 0 and the Gain block to 3. Set the Frequency in the Signal Generator block to 0. 4Hz.

3) Run the QUARC controller. An example response is shown in Fig. 12. 5.

4) Measure the maximum positive speed of the response and compute the gain of the system (in rad/s and dB). Enter the result in Tab. 12. 1 below.

5) Repeat the previous steps for the remaining frequencies in Tab. 12. 1. Enter the results from the steady-state analysis in the section 12. 3. 1 in the line where the frequency is 0. 0 Hz.

6) Using the plot command and the data you have collected in the previous steps and summarized in Tab. 12. 1, generate a Bode magnitude plot. The amplitude scale should be in decibels (dB) and the frequency scale should be logarithmic. (Note: Ignore the entry for a frequency of 0 Hz when drawing the Bode plot. The logarithm of 0 is not defined.)

7) Calculate the time constant, τ, using the obtained Bode magnitude plot. Label the location of the cutoff frequency. (Hint: Use the MATLAB Figure Data Tips tool to obtain the values directly from the plot.)

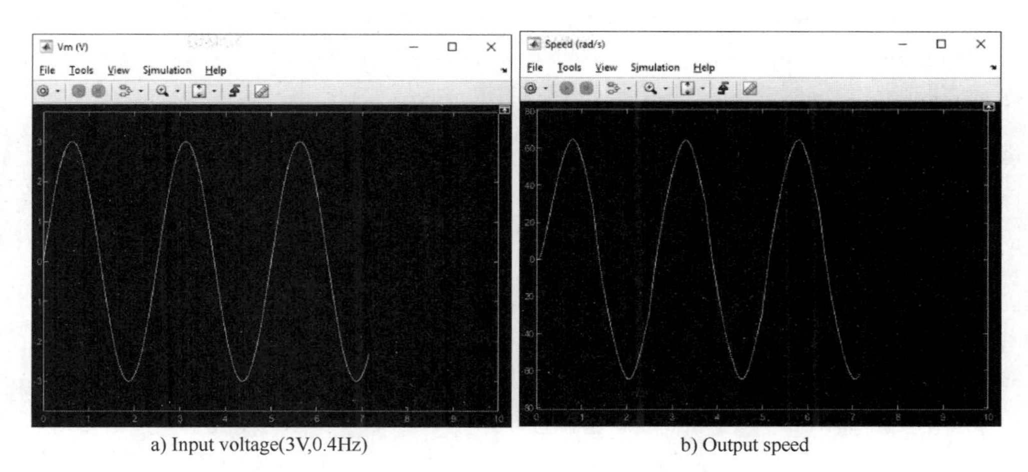

a) Input voltage(3V,0.4Hz) b) Output speed

Fig. 12. 5 System response when applying a 3V 0. 4 Hz sine wave voltage

Tab. 12. 1 Collected frequency response data

f(Hz)	Max Amplitude/V	Max Positive Speed/rad · s^{-1}	Gain: $\lvert G(\omega)\rvert$/rad · s^{-1}	Gain: $\lvert G(\omega)\rvert$/dB
0. 0				
0. 4				
0. 8				
1. 2				
1. 6				
2. 0				
2. 4				
2. 8				

12. 3. 3 Phase Frequency Characteristics Analysis

Use the q_qube2_phase_delay Simulink model shown in Fig. 12. 6 to apply a sinusoidal voltage to the motor and measure the corresponding speed on the QUBE-Servo 2. The input and output signal are plotted together in the Time Delay scope to measure the phase delay.

1) For the input voltage-to-speed transfer function as in Eq. (12. 1), find an expression for the time constant, τ, in terms of the frequency of the input sinusoid and the resulting phase delay.

2) Express the time constant equation found in Step 1 directly with the time delay of the input and output signals.

3) Open the q_qube2_phase_delay Simulink model.

4) Configure the model to apply a 3V 0. 4Hz sine wave to the motor by setting the Frequency in the Signal Generator to 0. 4Hz and the Gain block to 3.

5) Build and run the QUARC controller. A sample response is shown in Fig. 12. 7.

6) Measure the time delay of the speed output when applying a 3V at 0.4Hz sinusoidal input.

7) Determine the corresponding phase shift in degrees and radians. Based on these measurements, compute the time constant, τ, for the QUBE-Servo 2.

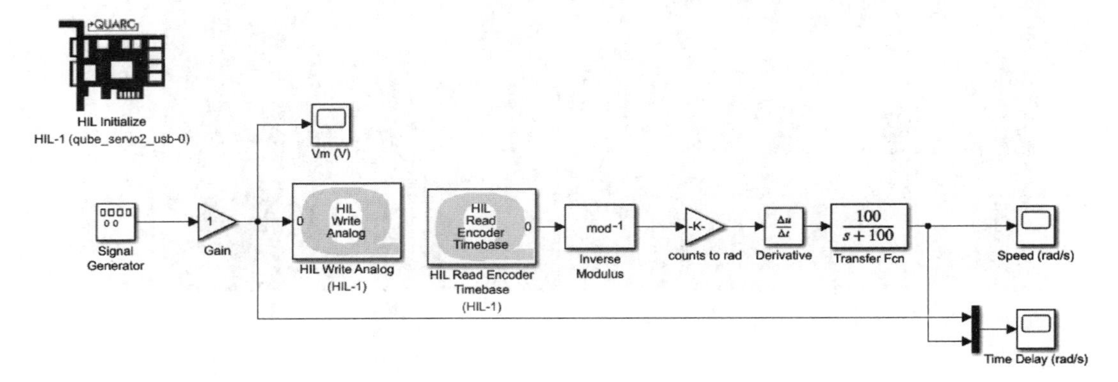

Fig. 12.6 Simulink model used to measure the phase delay of the QUBE-Servo 2

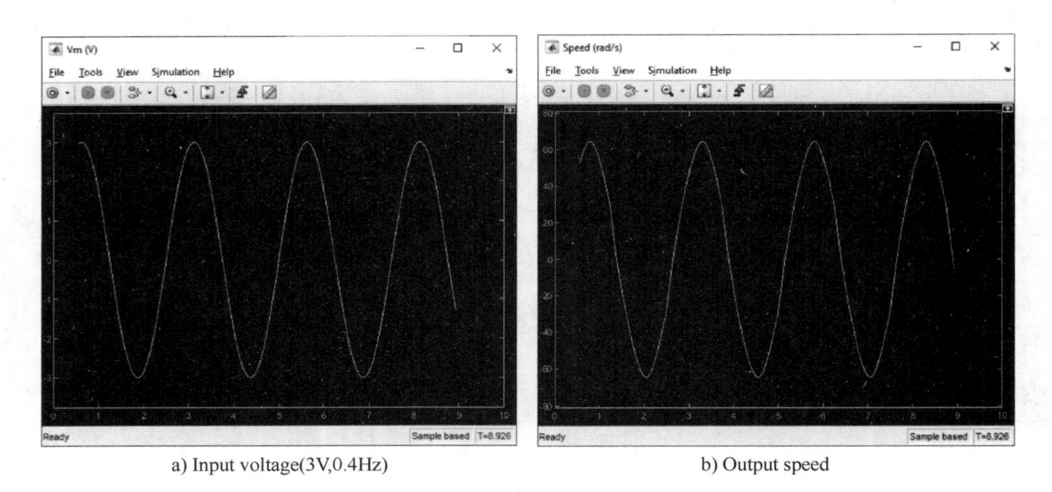

a) Input voltage(3V,0.4Hz)

b) Output speed

Fig. 12.7 Response curves when appling a 3V sine wave at 0.4Hz

12.4 Experimental Report

12.4.1 Basic Information of Experiment

Tab. 12.2 Basic information of experiment

Experiment name	Date of the experiment	Tutor	Team members

12.4.2 Experimental Data and Evaluation Process

(1) Attach the voltage and output speed you obtained in step 3) of Section 12.3.1 of the experiment.

(2) The calculation process of steady-state gain K of the system in step 4) of Section 12.3.1 of the experiment.

(3) The expression of time constant τ and its derivation process in step 1) of Section 12.3.2 of the experiment.

(4) Attach the obtained Bode magnitude plot in step 6) of Section 12.3.2 of the experiment.

（5） The calculation process of the time constant， τ， in step 7） of Section 12. 3. 2 of the experiment.

（6） The expression of time constant τ and its derivation process in step 1） of Section 12. 3. 3 of the experiment.

（7） The expression of time constant τ in step 2） of Section 12. 3. 3 of the experiment.

（8） Attach the obtained response of the Time Delay scope and the measured time delay of the speed output in step 6） of Section 12. 3. 3 of the experiment.

（9） The calculation process of the time constant， τ， in step 7） of Section 12. 3. 3 of the experiment.

12. 4. 3 Analysis of Experimental Results

Compare the time constant found using phase frequency characteristics delay analysis with the result obtained previously using the amplitude-frequency characteristic. If they are different， list one source that may have contributed to the different results.

Experiment 13 Open Experiment——State Space Modeling and Verification

13.1 Experimental Purpose

1) Master the method of establishing the linear state-space model of the pendulum system.
2) Verify whether the established model can accuratly represent the specific pendulum system.

13.2 Experimental Principle

The rotary pendulum model is shown in Fig. 13-1. The rotary arm pivot is attached to the QUBE-Servo 2 system and is actuated. The arm has a length of L_r (m), a moment of inertia of J_r (kg · m^2), and its angle θ(°) increases positively when it rotates counter-clockwise (CCW). The servo (and thus the arm) should turn in the CCW direction when the control voltage is positive (V_m>0).

The pendulum link is connected to the end of the rotary arm. It has a total length of L_p (m) and its center of mass is at $L_p/2$. The moment of inertia about its center of mass is J_p (kg · m^2). The inverted pendulum angle α(°) is zero when it is hanging downward and increases positively when rotated CCW.

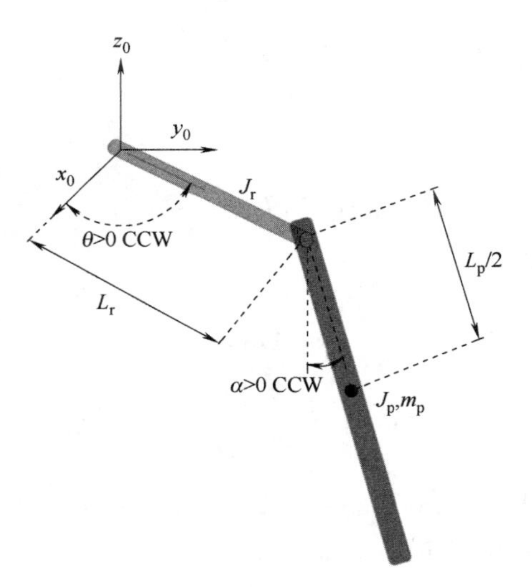

Fig. 13.1 Rotary inverted pendulum model

The equations of motion (EOM) for the pendulum system are

$$\left(m_{\mathrm{p}}L_{\mathrm{r}}^{2}+\frac{1}{4}m_{\mathrm{p}}L_{\mathrm{p}}^{2}-\frac{1}{4}m_{\mathrm{p}}L_{\mathrm{p}}^{2}\cos\alpha^{2}+J_{\mathrm{r}}\right)\ddot{\theta}-\left(\frac{1}{2}m_{\mathrm{p}}L_{\mathrm{p}}L_{\mathrm{r}}\cos\alpha\right)\ddot{\alpha}+\left(\frac{1}{2}m_{\mathrm{p}}L_{\mathrm{p}}^{2}\sin\alpha\cos\alpha\right)\dot{\theta}\dot{\alpha}$$

$$+\left(\frac{1}{2}m_{\mathrm{p}}L_{\mathrm{p}}L_{\mathrm{r}}\sin\alpha\right)\dot{\alpha}^{2}=\tau-D_{\mathrm{r}}\dot{\theta} \tag{13.1}$$

$$\frac{1}{2}m_{\mathrm{p}}L_{\mathrm{p}}L_{\mathrm{r}}\cos\alpha\ddot{\theta}+\left(J_{\mathrm{p}}+\frac{1}{4}m_{\mathrm{p}}L_{\mathrm{p}}^{2}\right)\ddot{\alpha}-\frac{1}{4}m_{\mathrm{p}}L_{\mathrm{p}}^{2}\cos\alpha\sin\alpha\dot{\theta}^{2}+\frac{1}{2}m_{\mathrm{p}}L_{\mathrm{p}}g\sin\alpha=-D_{\mathrm{p}}\dot{\alpha} \tag{13.2}$$

With an applied torque at the base of the rotary arm generated by the servo motor as described by the equation

$$\tau=\frac{k_{\mathrm{m}}(V_{\mathrm{m}}-k_{\mathrm{m}}\dot{\theta})}{R_{\mathrm{m}}} \tag{13.3}$$

When the nonlinear EOM are linearized about the operating point, the resultant linear EOM for the inverted pendulum are defined as

$$(m_{\mathrm{p}}L_{\mathrm{r}}^{2}+J_{\mathrm{r}})\ddot{\theta}-\frac{1}{2}m_{\mathrm{p}}L_{\mathrm{p}}L_{\mathrm{r}}\ddot{\alpha}=\tau-D_{\mathrm{r}}\dot{\theta} \tag{13.4}$$

and

$$\frac{1}{2}m_{\mathrm{p}}L_{\mathrm{p}}L_{\mathrm{r}}\ddot{\theta}+\left(J_{\mathrm{p}}+\frac{1}{4}m_{\mathrm{p}}L_{\mathrm{p}}^{2}\right)\ddot{\alpha}+\frac{1}{2}m_{\mathrm{p}}L_{\mathrm{p}}g\alpha=-D_{\mathrm{p}}\dot{\alpha} \tag{13.5}$$

Solving for the acceleration terms yields

$$\ddot{\theta}=\frac{1}{J_{\mathrm{T}}}\left[-\left(J_{\mathrm{p}}+\frac{1}{4}m_{\mathrm{p}}L_{\mathrm{p}}^{2}\right)D_{\mathrm{r}}\dot{\theta}+\frac{1}{2}m_{\mathrm{p}}L_{\mathrm{p}}L_{\mathrm{r}}D_{\mathrm{p}}\dot{\alpha}+\frac{1}{4}m_{\mathrm{p}}^{2}L_{\mathrm{p}}^{2}L_{\mathrm{r}}g\alpha+\left(J_{\mathrm{p}}+\frac{1}{4}m_{\mathrm{p}}L_{\mathrm{p}}^{2}\right)\tau\right] \tag{13.6}$$

and

$$\ddot{\alpha}=\frac{1}{J_{\mathrm{T}}}\left[\frac{1}{2}m_{\mathrm{p}}L_{\mathrm{p}}L_{\mathrm{r}}D_{\mathrm{r}}\dot{\theta}-(J_{\mathrm{r}}+m_{\mathrm{p}}L_{\mathrm{r}}^{2})D_{\mathrm{p}}\dot{\alpha}-\frac{1}{2}m_{\mathrm{p}}L_{\mathrm{p}}g(J_{\mathrm{r}}+m_{\mathrm{p}}L_{\mathrm{r}}^{2})\alpha-\frac{1}{2}m_{\mathrm{p}}L_{\mathrm{p}}L_{\mathrm{r}}\tau\right] \tag{13.7}$$

where

$$J_{\mathrm{T}}=J_{\mathrm{p}}m_{\mathrm{p}}L_{\mathrm{r}}^{2}+J_{\mathrm{r}}J_{\mathrm{p}}+\frac{1}{4}J_{\mathrm{r}}m_{\mathrm{p}}L_{\mathrm{p}}^{2} \tag{13.8}$$

The linear state-space equations are

$$\dot{x}=\boldsymbol{A}x+\boldsymbol{B}u \tag{13.9}$$

and

$$y=\boldsymbol{C}x+\boldsymbol{D}u \tag{13.10}$$

where x is the state, u is the control input, $\boldsymbol{A}$, $\boldsymbol{B}$, $\boldsymbol{C}$ and $\boldsymbol{D}$ are state-space matrices. For the rotary pendulum system, the state and output are defined

$$x=[\theta \quad \alpha \quad \dot{\theta} \quad \dot{\alpha}]^{T} \tag{13.11}$$

and

$$y=[\theta \quad \alpha]^{T} \tag{13.12}$$

13.3 Experimental Procedure

After completing the QUBE-Servo 2 integration experiment, modeling and verification of servo motor system experiment, the following experimental steps can be carried out.

1) Based on the sensors available on the pendulum system, find the $\boldsymbol{C}$ and $\boldsymbol{D}$ matrices in Eq. (13.10).

2) Using Eq. (13.6) and Eq. (13.7) and the defined state in Eq. (13.11), derive the linear state-space model of the pendulum system.

3) Based on the state space model derived in Step 2) and the MATLAB script rotpen_ABCD_eqns.m provided, create the appropriate matrices that correspond to the linear state space model of the pendulum.

4) Based on the Simulink model already designed in the Pendulum Moment of Inertia laboratory experiment, design a similar model to the one shown in Fig. 13.2 that applies a 0-1V, 1Hz square wave to the pendulum system and state-space model.

5) Run setup_ss_model.m to create the state space model parameters in the MATLAB workspace. Ensure that the generated matrices match your solution in Step 2).

6) In setup_ss_model.m, set the rotary arm viscous damping coefficient D_r to 0.0015N · m · s/rad, and the pendulum damping coefficient D_p to 0.0005N · m · s/rad. These parameters were found experimentally to reasonably accuractly reflect the viscous damping of the system due to effects such as friction, when subject to a step response.

7) Build and run the model. The scope response should be similar to Fig. 13.3.

8) The viscous damping of each inverted pendulum can vary slightly from system to system. If your model does not accuratly represent your specific pendulum system, try modifying the damping coefficients D_r and D_p to obtain a more accurate model.

9) Stop the QUARC controller.

10) Turn off the power of QUBE-Servo 2.

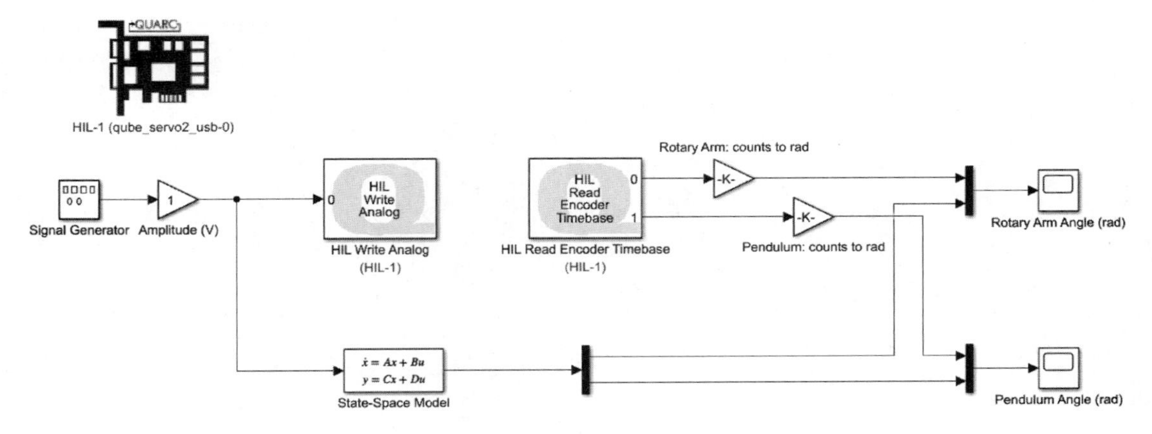

Fig. 13.2 Simulink model of pendulum system

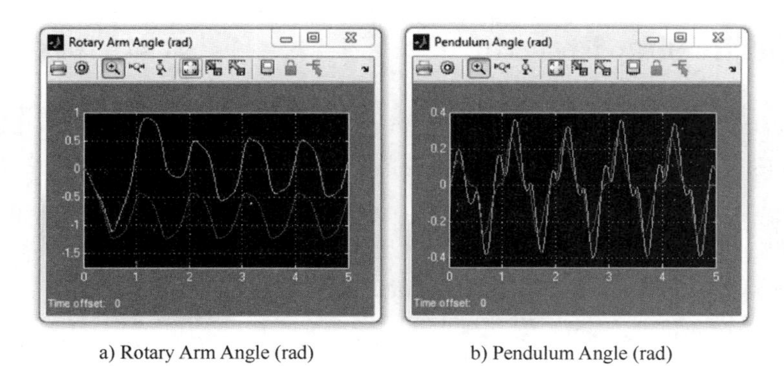

a) Rotary Arm Angle (rad)　　b) Pendulum Angle (rad)

Fig. 13. 3　Step response of the pendulum system

13.4 Experimental Report

13.4.1 Basic Information of Experiment

Tab. 13.1 Basic information of experiment

Experiment name	Date of the experiment	Tutor	Team members

13.4.2 Experimental Data and Evaluation Process

(1) Give the ***C*** and ***D*** matrices in step 1) of the experiment.

(2) Give the derivation process of the linear state space model of the pendulum system in step 2) of the experiment.

（3） Attach the response curve in step 7） of the experiment.

13.4.3 Analysis of Experimental Results

Does your model represent the actual pendulum well? If not, explain why there might be discrepancies.

Appendix A QUBE-Servo 2 System Hardware and Installation

A.1 System Hardware

A.1.1 System Schematic

The QUBE-Servo 2 can be configured with one of two different I/O interfaces: the QFLEX 2 USB, and the QFLEX 2 Embedded. The QFLEX 2 USB provides a USB interface for use with a computer. The QFLEX 2 Embedded provides a 4-wire SPI interface for use with an external microcontroller board.

The interaction between the different system components on the QUBE-Servo 2 is illustrated in Fig. A. 1. On the data acquisition (DAQ) device block, the motor and pendulum encoders are connected to the Encoder Input (EI) channels #0 and #1. The Analog Output (AO) channel is connected to the power amplifier command, which then drives the DC motor. The DAQ Analog Input (AI) channel is connected to the PWM amplifier current sense circuitry. The DAQ also controls the integrated tri-colour LEDs via an internal serial data bus. The DAQ can be interfaced to the PC or laptop via USB link in the QFLEX 2 USB, or to an external microcontroller via SPI in the QFLEX 2 Embedded.

A.1.2 Hardware Components

The main QUBE-Servo 2 components-for the USB and SPI embedded interfaces-are listed in Tab. A-1. The components on the QFLEX 2 USB are labeled in Fig. A. 2a, and the components on the QFLEX 2 Embedded are shown in Fig. A. 2b.

Warning: QUBE-Servo 2 internal components are sensitive to electrostatic discharge. Before handling the QUBE-Servo, ensure that you have been properly grounded.

(1) DC Motor The QUBE-Servo 2 includes a direct-drive 18V brushed DC motor. The motor specifications are given in Tab. A. 2. The QUBE incorporates an Allied Motion CL40 Series Coreless

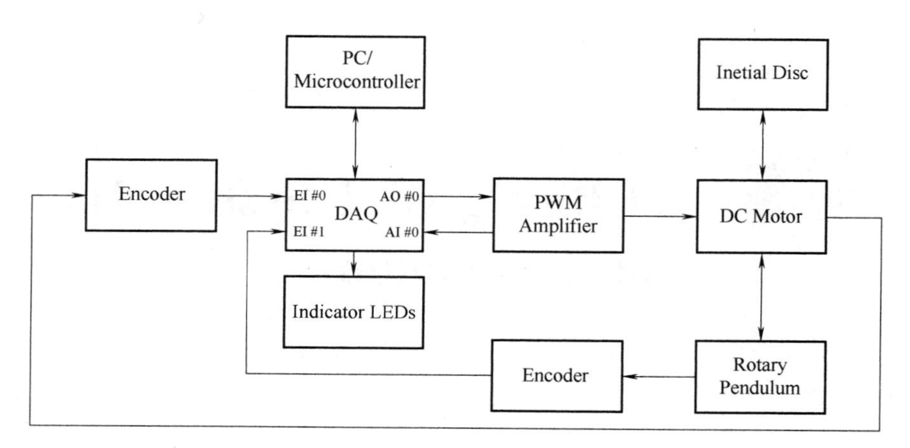

Fig. A. 1 Interaction between QUBE-Servo 2 components

DC Motor model 16705. The complete specification sheet of the motor is included at: http://allied-motion.com/Products/Series.aspx? s=29.

Tab. A. 1 QUBE-Servo 2 Components

ID	Component	ID	Component
1	Chassis	11	Rotary arm hub
2	Module connector	12	Rotary pendulum magnets
3	Module connector magnets	13	Pendulum encoder
4	Status LED strip	14	DC motor
5	Module encoder connector	15	Motor encoder
6	Power connector	16	QUBE-Servo 2 DAQ/amplifier board
7	System power LED	17	SPI Data Connector①
8	Inertia disc	18	USB connector②
9	Pendulum link	19	Interface power LED
10	Rotary arm rod	20	Internal data bus

① only on QFLEX 2 SPI;
② only on QFLEX 2 USB.

Caution: ①Max motor input ±10V, 2A peak, 0.5A continuous. ②Exposed moving parts. ③Holding the motor in a stalled position for a prolonged period of time at applied voltages of over 5V can result in permanent damage.

(2) Encoder The encoder used to measure the angular position of the DC motor and pendulum on the QUBE-Servo 2 is a single-ended optical shaft encoder. It outputs 2048 counts per revolution in quadrature mode (512 lines per revolution). A digital tachometer is also available for angular speed in counts/s on channel 14000.

(3) Data Acquisition (DAQ) Device The QUBE-Servo 2 includes an integrated data acquisition device with two 32-bit encoder channels with quadrature decoding and one PWM analog output

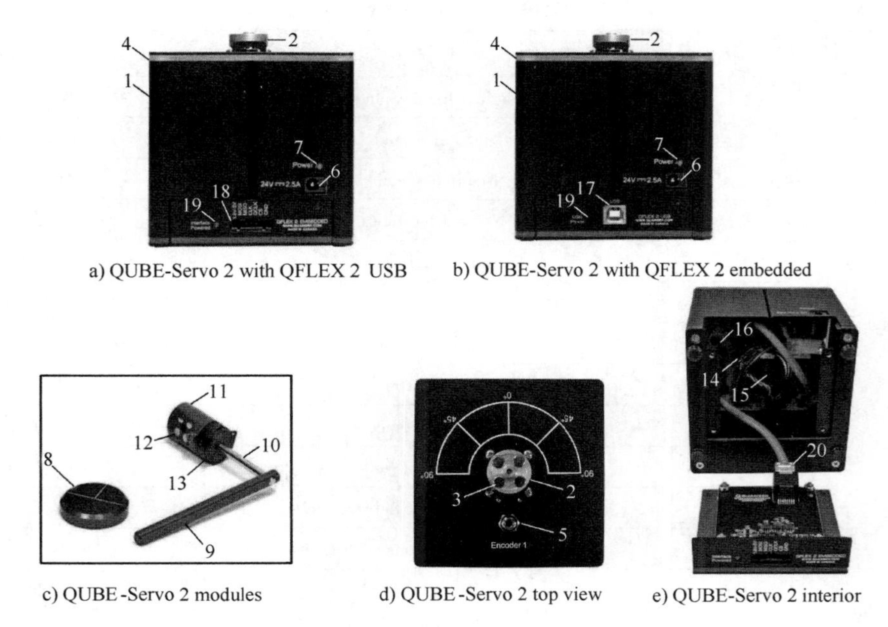

a) QUBE-Servo 2 with QFLEX 2 USB b) QUBE-Servo 2 with QFLEX 2 embedded

c) QUBE-Servo 2 modules d) QUBE-Servo 2 top view e) QUBE-Servo 2 interior

Fig. A. 2 QUBE-Servo 2 components

channel. The DAQ also incorporates a 12-bit ADC which provides current sense feedback for the motor. The current feedback is used to detect motor stalls and will disable the amplifier if a prolonged stall is detected.

(4) Power Amplifier The QUBE-Servo 2 circuit board includes a PWM voltage-controlled power amplifier capable to providing 2A peak current and 0. 5A continuous current (based on the thermal current rating of the motor). The output voltage range to the load is between ±10V.

A. 1. 3 Environmental

The QUBE-Servo 2 is designed to function under the following environmental conditions:

1) Standard rating.

2) Indoor use only.

3) Temperature 5℃ to 40℃.

4) Altitude up to 2000 m.

5) Maximum relative humidity of 80% up to 31℃ decreasing linearly to 50% relative humidity at 40℃.

6) Pollution Degree 2.

7) Mains supply voltage fluctuations up to ±10% of nominal voltage.

8) Maximum transient overvoltage 2500V.

9) Marked degree of protection to IEC 60529: Ordinary Equipment (IPX0).

A. 1. 4 System Parameters

Tab. A. 2 lists and characterizes the main parameters associated with the QUBE-Servo 2.

Tab. A. 2 QUBE-Servo 2 System Parameters

Item	Symbol	Description	Numerical value
DC Motor	V_{nom}	Nominal input voltage	18. 0V
	τ_{nom}	Nominal torque	22. 0 mN · m
	ω_{nom}	Nominal speed	3050 RPM
	I_{nom}	Nominal current	0. 540 A
	R_m	Terminal resistance	8. 4 Ω
	k_t	Torque constant	0. 042 N · m/A
	k_m	Motor back-emf constant	0. 042 V/(rad/s)
	J_m	Rotor Inertia	4.0×10^{-6} kg · m^2
	L_m	Rotor inductance	1. 16 mH
	m_h	Module attachment hub mass	0. 0106 kg
	r_h	Module attachment hub radius	0. 0111 m
	J_h	Module attachment moment of Inertia	0.6×10^{-6} kg · m^2
Inertia Disc Module	m_d	Disc mass	0. 053 kg
	r_d	Disc radius	0. 0248 m
Rotary Pendulum Module	m_r	Rotary arm mass	0. 095 kg
	L_r	Rotary arm length (pivot to end of metal rod)	0. 085 m
	m_p	Pendulum link mass	0. 024 kg
	L_p	Pendulum link length	0. 129 m
Motor and Pendulum Encoders		Encoder line count	512 lines/rev
		Encoder line count in quadrature	2048 lines/rev
		Encoder resolution (in quadrature, deg)	0. 176 deg/count
		Encoder resolution (in quadrature, rad)	0. 00307 rad/count
Amplifier		Amplifier type	PWM
		Peak Current	2A
		Continuous Current	0. 5A
		Output voltage range (recommended)	±10V
		Output voltage range (maximum)	±15V

A. 2 System Setup

To setup the QUBE-Servo 2 system, you need the following components: (Caution: If the equipment is used in a manner not specified by the manufacturer, the protection provided by the equipment may be impaired.)

1) QUBE-Servo 2 (USB or Embedded version)

2) Inertia disc module (shown in Fig. A. 3a)

3) Rotary Pendulum (ROTPEN) module (shown in Fig. A. 3b)

4) Power supply with the following ratings: Input Rating: 100-240V AC, 50-60Hz, 1.4A. Output Rating: 24V DC, 2.71A.

Note: Only the power supply provided (AC-DC adapter by Adapter Technology Co Ltd, model ATS065-P241) should be used with the QUBE-Servo 2

5) Power cable

Note: ①Only the power cable provided should be used with the QUBE-Servo 2. ②Make sure that the power cable's plug is accessible for disconnection in case of emergency. ③Precaution must be taken during the connection of this equipment to the AC outlet to make sure the grounding (earthing) is in place, and that the ground wire is not disconnected.

6) USB 2.0 A/B cable (for QFLEX 2 USB) or jumper wires (for QFLEX 2 Embedded).

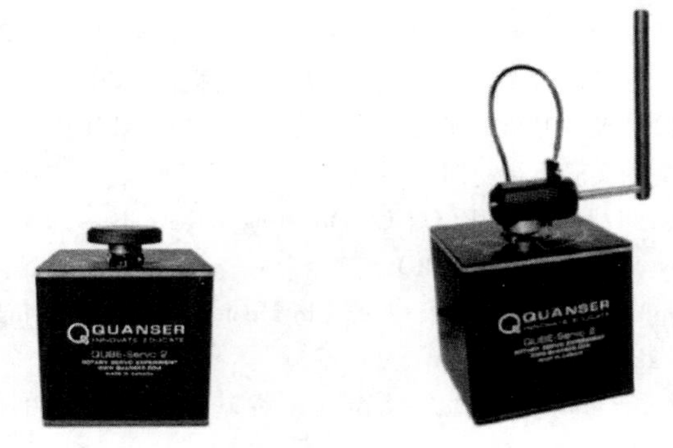

a) QUBE-Servo 2 with Inertia Disc Module　b) QUBE-Servo 2 with Pendulum Module

Fig. A.3　QUBE-Servo 2 with different modules

参 考 文 献

[1] 孙晶. 控制工程基础：英文版 [M]. 北京：科学出版社，2017.

[2] SUN J. Control Engineering Fundamentals [M]. Berlin：De Gruyter，2018.

[3] 孔祥东，姚成玉，等. 控制工程基础 [M]. 4 版. 北京：机械工业出版社，2019.

[4] 董景新，赵长德，郭美凤，等. 控制工程基础 [M]. 4 版. 北京：清华大学出版社，2015.

[5] 胡寿松. 自动控制原理 [M]. 6 版. 北京：科学出版社，2013.

[6] 胡寿松. 自动控制原理基础教程 [M]. 4 版. 北京：科学出版社，2017.

[7] 杨叔子，杨克冲，等. 机械工程控制基础 [M]. 6 版. 武汉：华中科技大学出版社，2014.

[8] 黄安贻. 机械控制工程基础 [M]. 武汉：武汉理工大学出版社，2004.

[9] 祝守新，邢英杰，等. 机械工程控制基础 [M]. 北京：清华大学出版社，2008.

[10] 王积伟，吴振顺. 控制工程基础 [M]. 北京：高等教育出版社，2001.

[11] 柳洪义，罗忠，等. 机械工程控制基础 [M]. 2 版. 北京：科学出版社，2011.

[12] 许贤良，王传礼. 控制工程基础 [M]. 北京：国防工业出版社，2008.

[13] 董玉红，徐莉萍. 机械控制工程基础 [M]. 2 版. 北京：机械工业出版社，2015.

[14] 赵长德，等. 控制工程基础实验指导 [M]. 北京：清华大学出版社，2007.

[15] CLOSE C M，FREDERICH D H，NEWELL J C. Modeling and Analysis of Dynamic Systems [M]. 3rd ed. West Sussex：John Willey & Sons Inc，2001.

[16] TO C W S. Introduction to and Dynamics and Control in Mechanical Engineering Systems [M]. West Sussex：John Willey & Sons Inc，2016.

[17] 杨秀萍，郭悦虹，王收军. Matlab 仿真在《控制工程基础》教学中的应用 [J]. 制造业自动化，2011，33 (7)：58-60.

[18] 张志涌，等. 精通 MATLAB 6.5 版 [M]. 北京：北京航空航天大学出版社，2003.

[19] 顾玉萍，石剑锋. MATLAB 在《机械控制工程基础》教学中的应用 [J]. 职业教育研究，2007 (4)：168-169.

[20] 高会生. MATLAB 实用教程 [M]. 北京：电子工业出版社，2010.